もっともっと猫に愛されたいあなたへ

猫語レッスン帖

哺乳動物学者
今泉忠明・監修

はじめに

猫の気持ちを知るには何をみればいい？

鳴き方や姿勢、表情、行動をよく観察しましょう

一般的に「クール」といわれる猫ですが、実はコミュニケーションを求め、さまざまなサインを送っていることに飼い主さんなら気づいているはず。しかし、残念ながら現段階では"猫語"は科学的に立証されているわけではありません。猫の気持ちを知るには、猫の行動をよく観察し、推測していくしかないのです。

それでも昨今では、鳴き方、表情、姿勢、しぐさに表れる気持ちの法則が随分わかってきました。ただ、し

1 鳴き声を聞こう

猫の鳴き声は大きく２種類に分けられます。親しい相手に呼びかける声と、相手を遠ざけたいときの威嚇の声。「ニャオ」や「ミャオ～ン」など、鳴き声の種類はいろいろありますが、好意を表しているのか、敵意や恐怖を感じているのかは、声のトーンを聞けばわかるはず。ただ、よく鳴く猫、寡黙な猫がいるように、鳴き方には個性があることも忘れないで。

姿勢の変化を観察しよう 2

普段単独行動をしている猫同士の間でコミュニケーションが必要になるのは、主に相手との優劣をつけるとき。ですから、遠くからでもわかりやすい姿勢を使ったボディランゲージが、猫のコミュニケーションの基本です。強気のときは体を大きく見せて威嚇し、弱気のときは体を低く小さくします。また、しっぽも気持ちがよく表れる場所。よく観察してみましょう。

ぐさひとつをとり上げて判断できるものではありませんし、猫によってサインが異なることもあります。シチュエーションや猫の個性をふまえ、総合的に見て判断することが大切です。

3 しぐさや表情から読みとろう

猫が無表情に見えるのは、もともと単独で行動していたため、楽しい気持ちや悲しい気持ちを共有する習慣がないためです。でもよく見ると、瞳孔の大きさ、耳の向き、ヒゲの向きなどが気持ちと連動して変化しているのがわかります。また、表情だけではわかりづらくても、そのときのポーズやしぐさからも、猫の好奇心や警戒心の度合いをはかることができます。

行動の意味を知ろう 4

猫は野生の本能を色濃く残す動物です。猫の行動を理解するには、まず本能を知ることから始めましょう。また、人と生活するなかで生まれる行動もあります。例えば、遊んでほしいときにオモチャを持ってくるのは、そうすれば飼い主が遊んでくれると学習しているから。経験から生まれる行動なので、猫によって行動パターンはさまざま。飼い主だけが解読できるサインです。

飼い猫は4つの気分がコロコロ入れ替わります

「猫は気まぐれである」ことを理解しましょう

猫はとっても気まぐれな動物。でも、猫に悪気はありません。単独行動をする猫には、まわりに合わせる、気を遣うという思考がないのです。気の向くままに行動するのが、猫の種としての特性です。

また、のら猫に比べて飼い猫はより多様な行動をとります。これは、人間に保護されていることでおとなになっても子猫気分が抜けないから。飼い猫には、本来成猫が持つ野

1 野生気分

夜中に突然暴れだしたり、チョロチョロしたものをエキサイトして追ったりしているときは、野生モード発動中。「狩り」は猫が生きるうえで最も重要な行為であるため、食事を十分に与えられていても狩猟本能を抑えることができません。また、一見無駄と思えるトイレのあとの砂かきも、野生の本能によるものです。

2 飼い猫気分

おなかを上にして大の字で寝ていたり、人間のように床に腰をおろし足を前に投げ出して座っていたりと、およそ猫とは思えないポーズでリラックスしているのは、飼い猫気分のとき。完全に警戒心を解いている証拠です。飼い主の前でだけ飼い猫モードになる猫もいれば、知らない人が遊びにきても飼い猫モード全開で寝ている猫もいます。

生の本能、親猫の本能に加え、子猫の気分、さらには飼い猫としての気分も存在し、ときと場合によって気分のスイッチが切り替わるのです。

3 親猫気分

出産や子どもを持った経験がない猫でも、母性や父性が刺激され親猫モードになることがあります。対象は子猫に限りません。例えば、捕った獲物を飼い主のところに持ってくるのは、飼い主を子どもとみなし、親猫気分で食事を与えているつもりなのです。一緒に暮らす子犬やうさぎをかわいがったりするなど、ほかの動物に対して親猫モードになることも。

子猫気分 4

しっぽをピンと立てて近づいてくる、甘えた声で鳴く、一緒に遊びたがるなどの行動は、本来、子猫ならではの特徴です。のら猫は、親離れをして単独行動をするようになると、このような行動はしなくなりますが、飼い猫は甘えられる存在がいるため、いつまでも子猫気分を持ち続けるのです。飼い主によく甘えてくる、よく鳴く猫は子猫気分が強いといえるでしょう。

Contents

LESSON 2

ボディランゲージを読みとろう

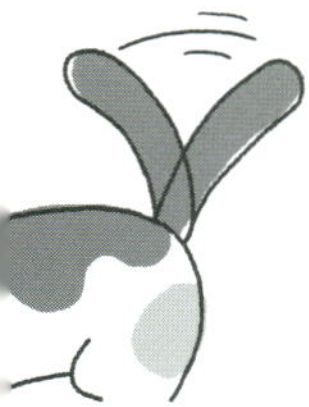

LESSON 3

行動の意味を探ろう［観察編］

LESSON 4

行動の意味を探ろう［暮らし編］

LESSON 5

行動の意味を探ろう［コミュニケーション編］

LESSON 1

鳴き声を聞こう

Q1 猫が「ニャオ」って鳴くのはどんなとき？

猫ゴコロ

ねえねえ〜

猫の鳴き声のなかでもっともポピュラーといえる「ニャオ」は、猫が飼い主に甘えていたり、何かをおねだりしようとしているときに聞くことができます。とくに、しっぽを立てて飼い主に近づきながら「ニャオ」と鳴くのは、あなたを母猫だと思って甘えている気分のとき。

「ニャオ」はもともと、子猫が母猫に何かを訴えるときの鳴き方ですが、飼い猫の場合はおとなになっても子猫気分で飼い主に甘えて、いろいろな要求をしようとします。要求は「ごはんが食べたい」「遊びたい」などさまざまなので、状況を見て猫の気持ちをくみとってあげてください。

猫の格言 猫の心、親知らず

こんな猫ゴコロも

開けて！

ドアの前で「ニャオ」と鳴くのは、「ここを開けて」と要求しているサイン。家の中ならかまいませんが、窓の前や玄関ドアの前で「ニャオ」と鳴いて要求することも……。でも家の外は交通事故や感染症など危険がいっぱい。しつこく鳴かれてもこたえないようにしましょう。

こんな猫ゴコロも

ちょうだい！

フード皿の前やフードがしまってある棚の前などで「ニャオ」と鳴く猫は、言うまでもなく「ごはん食べたい！　ちょうだい！」と要求しています。ついあげたくなりますが、食事時間以外にこの要求をきいてしまうと「鳴けば食べられる」と覚え、日に何度も呼びつけるわがまま猫になってしまうので注意しましょう。

Q2 猫が「ニャッ」って短く鳴くのはどんなとき？

猫ゴコロ

やあ！

軽い調子で「ニャッ」と鳴くのは、「やあ」といった感じの気軽な猫語のあいさつ。実はこれ、人間との暮らしのなかで生まれた猫語です。もともと猫はにおいを嗅ぎあうことで情報交換をし、姿勢や表情で気持ちを表現してきました。ですが人間とコミュニケーションをとるには鳴き声のほうが伝わりやすいことを学び、猫同士でも使うようになったのです。

また飼い主が話しかけたときに「ニャッ」と鳴くのは、相槌や返事です。人間の語りかける際の「～でね？」という語尾が上がる口調に反応して、思わず声が出てしまうともいわれています。

猫の格言 親しき仲にはあいさつあり

Q3 窓の外を見つめて「カカカ」って鳴くのはどうして？

猫ゴコロ
捕まえたいのに〜

窓の外を見ている猫が、「カカカカ」とのどの奥からかすれた声を出すことがあります。これは外に鳥や虫を見つけたとき、「捕まえたいのに捕まえられない！」という葛藤から出てしまう声だといわれています。

狩りをするのが猫の本能。飼い猫でネズミを捕まえたりした経験がなくても、獲物となる動物を見るととっさに「捕まえたい！」という野生気分がわきあがるのです。このサインが見られるときは獲物に心を奪われている状態なので、飼い主の声に反応しなくなる猫も多いよう。気を紛らわせるために、毛づくろいを始めることもあります。

猫の格言　のどから声が出るほど狩りたい

Q4 「ゴロゴロ」のどを鳴らすのはどうして？

猫ゴコロ

気持ちいい〜

「ゴロゴロ」には、満足しているとき、何かを要求しているとき、不安を感じているときと、大きく分けて3つのパターンがあります。例えば、飼い主になでられたときにのどを鳴らすのは「気持ちいい」のサイン。これは、母乳を与えられた子猫が「満足したよ」と、母猫に伝えるのと同じもの。おっぱいで口がふさがっていても気持ちを伝えられるよう、のどの奥で音を鳴らす手段を身につけたのかもしれませんね。

ちなみに「ゴロゴロ」は猫によって音の大小に差があり、ほとんど聞こえない子も。また「グルルル」と鳴いているように聞こえることもあります。

猫の格言 「ゴロゴロ」は真の猫なで声

こんな猫ゴコロも

かまって～

飼い主さんを見つめながらの「ゴロゴロ」は、「かまってよ～」「ごはんが食べたいよ～」といった主張の音。満足のゴロゴロよりも大きく、さらに、注意を向けてほしいという気持ちから「ニャオ」の鳴き声がプラスされることもあります。そんなときは、かなりの甘えん坊気分。無視していると飛びかかってきたりすることもあります。

こんな猫ゴコロも

落ち着かなくちゃ…

病気で具合が悪いときや、苦手な爪切りをされているときなどに聞こえる「ゴロゴロ」。これは前の2つとは違い、自分の不安や緊張を和らげるためのものと考えられています。「頑張れ、わたし」と、自分を励まそうとしているのかもしれません。普段より声色が低く、弱々しいトーンの「ゴロゴロ」に気づいたら、体調をチェックしてみましょう。

Q5 「シャー」って鳴くのはどんなとき？

猫ゴコロ

こっち来んな！

猫は基本は単独行動で、縄張り意識も強い動物です。自分のテリトリーに侵入してきた猫や、不用意に近づいてきた猫に「シャー」と鳴くことがありますが、これは、「こっちに来るな！」と、相手を遠ざけようと威嚇しているサイン。牙をむき、毛を逆立てて体を大きく見せながら「シャー、シャー」と何度も鋭い声を出します。

本能的に威嚇の際に出る声で、生まれて間もない子猫でもこの声を出すことがあります。飼い主さんに対して「シャー」と鳴くときは、とてもピリピリしているので、しばらくはそっとしておいて。猫が落ち着くのを待ちましょう。

猫の格言　ヘビより怖い、猫の「シャー」

Q6
「ミャーオー」「ウー」などとうなるのはどんなとき？

猫ゴコロ

やる気か？こら！

「シャー」と威嚇しても相手がひかなかった場合、戦闘態勢に入ります。「ミャーオー」「ウー」といった、のどの奥から絞り出すような声を出して、にらみながら相手を威嚇。これは「ほんとにやんのか？　おい！」と、相手をけん制しながら力量をはかっている状態です。

猫はもともと、無益な争いを好まない動物なので、けんかの前に長いにらみあいを続けます。そこでお互いの力量を見極め、一方が負けを認めてうずくまるか立ち去るなどすればそこで決着。どちらもひかなかった場合のみ戦いの火ぶたが切られ、パンチやキックを駆使した戦いが始まります。

猫の格言　けんかは対等の相手に限る

Q7 「ギャアー」って叫ぶのはどんなとき？

猫ゴコロ

やめて！

けんか中に咬みつかれた猫は、「ギャアー」と鋭い声をあげます。また、じゃれあう子猫からこの声が発せられることもあります。けんかごっこをしていて、加減がわからずについ本気で咬みついてしまった子猫に、咬まれたほうは「痛いよ！」と鳴き声で伝えるのです。鳴かれたほうは「そんなに痛かったんだ」とびっくりして、咬むのをやめます。

そのため、例えば水嫌いの猫がお風呂に入れられそうになったときなどに「ギャアー」と叫ぶことがあります。「やめてよ！」と訴えればやめてもらえるという法則が本能に刻まれているのかもしれません。

猫の格言 嫌よ嫌よは嫌でしかにゃい！

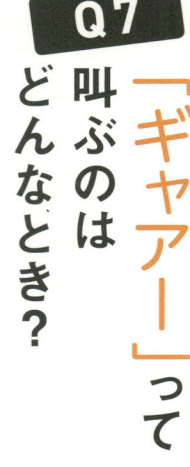

Q8 声を出さずに鳴いているのはどんなとき？

猫ゴコロ

お母さん〜

鳴いているように口を動かしているけれど声が出ていない、いわゆる〝サイレントニャー〟は、生まれて間もない子猫によく見られます。実はこれ、無音というわけではなく、人間には聞こえない高周波の鳴き声をあげているのです。

子猫は母猫からはぐれたり、自身に危険が迫ると、周囲にはわからない超高周波の鳴き声で母猫に自分の状況を知らせます。いわば、これは子猫にとっての非常ベル。飼い主に対してこの鳴き方をする場合は、あなたを母猫のように慕い、頼りに思っている証拠です。たっぷり甘えさせてあげましょう。

猫の格言 母と子だけの秘密の合言葉

Q9 「ナ〜オ」って大きな声で鳴くのはどんなとき？

猫ゴコロ
恋しちゃったよー

猫には、年に数回の発情期があります。とくに激しいのは1〜3月。そのころになるとよく聞こえるのが「ナ〜オ！」という、ひときわ大きな鳴き声です。これは異性へのアピールの声。まずメスがオスを誘うために鳴き始め、オスがその声を真似て鳴き出し、自分の強さをアピールします。

猫同士は鳴き声からオスかメスかがわかるので、メスの声に惹かれて複数のオスが集まり、メスをめぐってけんかが始まることも。また、発情期に入ると性ホルモンの分泌が盛んになり、声がしゃがれ、普段とは違う声で鳴くことも珍しくありませんが、発情期を過ぎれば元に戻ります。

猫の格言　声の魅力で恋愛成就

Q10 「チッ」や「ンギャッ！」と鳴くのはどんなとき？

猫ゴコロ

おっしゃ！

獲物をねらっているときや、オモチャで遊んでいてこれから飛びかかろうとするとき、「チッ」と鼻を鳴らすことがあります。舌打ちのようにも、「ペッ」とつばを吐く音にも聞こえるこれは、獲物に対する興奮がつい口からもれてしまったもの。人間でいえば、「おっしゃいくぞ！」と自分に気合いを入れているような感じでしょうか。

　また、「ンギャッ」と短い声をあげることもあります。これはもっと興奮している状態で、獲物を探し歩いてやっと見つけたときや、隠されたオモチャを発見したときなどに「やっと見つけたぞ！」という喜びをともなって発せられる声です。

猫の格言　「チッ」と一声、気合い入れ

Q11 寝ながら鳴くのは夢を見ているってこと？

猫ゴコロ
猫も寝言を言うのにゃ

猫も人と同じで、レム睡眠のときに夢を見るといわれています。レム睡眠とは、体は休んでいても脳が起きている、浅い眠り。猫は成猫なら1日14時間眠りますが、そのうち約12時間はレム睡眠です。

レム睡眠中はヒゲやまぶたがピクピクと動き、体がビクッと震えたりします。そしてときたま「ウニャウニャ」とつぶやいたり、大きな声で鳴いたり、うなったり。これは立派な寝言です。モグモグと口が動いたり、前足で獲物を捕まえようとするようなしぐさをしながら鳴くことも。寝言としぐさから、夢の内容を想像してみるとおもしろいですね。

猫の格言 ネズミが一匹、ネズミが二匹…

Q12 声を出しながらごはんを食べるのは満足のあかし？

猫ゴコロ

うまい！ あ、とらないでね

好物を食べているときや空腹時に夢中で食べているとき、「ウニャウニャ、アウアウ……」といった声で鳴くことがあります。これはおっぱいを飲んでいたころに、満足していることを母猫に伝えた名残だと考えられます。母猫と離れ単独で暮らすようになると鳴く必要はなくなりますが、つい「おいしいよ」とつぶやいてしまうのでしょう。

また元のら猫だった場合、ほかの猫と食べ物をとりあった経験から「これはだれにも渡さないぞ！」と威嚇するような声を出しながら食べることがあります。前者の場合は成長とともに鳴くことは減りますが、後者の場合は習性として続きます。

猫の格言 空腹はカリカリをまぐろに変える

Q13 人間の言葉をしゃべるうちの子は、天才？

猫ゴコロ

こう鳴くといいことがあるんだ

ネコ科の動物のなかで、イエネコだけが鳴き声でのコミュニケーションを特別に発達させました。飼い主に要求を伝えるために、どんな鳴き方が効果的かを暮らしのなかで学んでいったのです。

人間の言葉に聞こえる鳴き方をする猫は、そう鳴くことでいい結果が生まれることを学んだのだと推測されます。例えば「ごはーん」と鳴くのは、たまたまそう聞こえる鳴き方をしたときに飼い主が喜んで、ごはんをくれたため、それが習慣化したのでしょう。猫が人間語に聞こえる鳴き方をしたときに「すごい！」とほめてあげれば、より〝おしゃべり〟な猫になるかもしれませんね。

猫の格言 猫もおだてりゃしゃべりだす

Q14 うちの子はほとんど鳴かないけど、これって異常？

猫ゴコロ

落ち着きがあるってこと

ペルシャやロシアンブルーなど、あまり鳴かない品種もいます。ですが品種に関係なく、鳴かない猫は意外にいるようです。

猫は、子猫のときがいちばんよく鳴きます。母猫に面倒を見てもらわないと生きていけないため、「おなかすいた」「こっちに来て」など、さまざまな要求を鳴き声で伝えるからです。そのためよく鳴く子は、子猫気分が強い猫で、あまり鳴かない子は、精神的に自立したおとなな気分の猫だと思われます。鳴かない猫は、かまってほしいときはじっと飼い主さんを見つめるなど、別の手段でコミュニケーションをとっているはずです。

猫の格言　目と目で通じあえれば言葉はいらない

Q15 電話をすると鳴くのは会話に参加しているつもり？

猫ゴコロ

何やってんの？

電話をしていると、猫が近くで鳴き出すことがあります。正直、「ちょっとうるさいな〜」と思ってしまいますよね。でも猫の視点で見てみれば、電話をしている飼い主は、自分を無視して、空中に向かってひとりでしゃべっている不思議な状態。しかも電話で話すときは、普段とちょっと違った声色になることも多いもの。そんな〝普段と違う〟ようすに戸惑って、「ねえねえ、何してんの？　かまってよ！」と、一生懸命呼びかけているのでしょう。

　自分が話しかけられているのかと思って、返事をしている律儀な猫もいるかもしれません。

猫の格言　**人語会話の9割は無駄話**

こんな猫ゴコロも

びっくりするなー、もう！

くしゃみに反応して鳴くのは、聞き慣れない大きな音にびっくりするから。猫は耳がよいので、音にはとても敏感なのです。とくに大きな音、甲高い声や低音は苦手。人間のくしゃみは、猫の嫌いな高周波のことが多く、しかも犬の「ワン！」という吠え声にも似て聞こえるため、「敵がいる！」と思うのか、威嚇の声を出す猫もいるようです。

こんな猫ゴコロも

静かにして！

人間同士が怒鳴りあったりしてけんかをしていると、猫が間に入ってきて鳴くことがあります。これも実は〝普段と違う〟ことに対する不安や警戒心から「なんなの？　うるさいよ」と鳴いているのです。でも、「猫が仲裁してくれてる」と思い、人間はけんかをやめるケースも多いですよね。自分が鳴けば静かになると知っていて鳴いている猫もいるかもしれません。

猫の4コマ劇場 鳴き声編

by 坂木浩子

気持ちの切り替えが早すぎる…。

トーンだけで気持ちは伝わるのですね。

一言では言えない

前の猫は基本的に独り言でした。

大げさすぎる

虐待してると思われてないか不安。

チャートでわかる!

うちの子タイプ診断

うちの子はわがまま？　甘えん坊？　けっこうワイルドかも……。チャートでうちの子の性格をズバリ診断します。

YES →
NO ･･･>

START

うちの子は、よく鳴くほうだと思う

お客さんが家に来ると、隠れる

ブラッシングしてもらうのが好き

洗濯物をたたむなど、何かをしていると邪魔してくる

おなかを見せて寝ていることが多い

じゃらし棒を振ってもあまりじゃれついてこない

食べ物の
好き嫌いが
ある

なでられると
たいてい
ゴロゴロと
のどを鳴らす

窓の外を
じっと見ている
ことがよくある

トイレ以外の
場所にオシッコを
することがある

抱っこされるのは
あまり
好きではない

よくスリスリと
頭をこすりつけて
くる

叱られても
平然としている

何の前触れもなく
パンチして
くることがある

type
A

type
B

type
C

type
D

詳しい結果は次のページ

診断結果をチェック!

うちの子はどんなタイプ?

type A

自分がいちばん!
わがまま王子・姫タイプ

ズバリ、こんな性格!

かなりのわがままっ子で、自分が世界の中心だと思っているかも?! しつこくごはんをさいそくするくせに、出されたフードが気に入らないと拒否。甘えたいときだけ寄ってきて、抱っこしようとするとサッと逃げていく……。そんなわがままでちょっぴり“ツンデレ”な猫に振り回されるのも、猫飼いの醍醐味。飼い猫気分全開でおなかをさらして爆睡する王子・姫に、これからもお仕えしていきましょう。

type B

みんなメロメロ
甘え上手な小悪魔タイプ

ズバリ、こんな性格!

自分がかわいいことを知っている甘え上手。飼い主さんを手玉にとる小悪魔タイプです。甘えモードのときは超ベタベタ。かわいい声で鳴いて抱っこを要求したり、スリスリと甘えてきて離れません。そんなときに飼い主さんに無視されると、あまり甘えてこなくなってしまうこともあります。どうしても用事をしていてかまえないときは、飼い主さんのにおいのする服などをあげて、待ってもらいましょう。

ごはん
持ってこい
ねえ～遊んで
オレはオレ
オマエはオマエ
あんまり
近づかないで

type C
野性味あふれる
気まぐれ一匹狼タイプ

ズバリ、こんな性格！

自由気ままな性格で、ベタベタされるのは嫌い。野生気分が強く、どこかひょうひょうとしたところがあります。元のら猫の場合などは、うっかり窓を閉め忘れると脱走してしまう危険もあるので注意。少々荒っぽい気質で、遊んでいるときにエキサイトすると本気で咬みついたりキックしてくることも。けがをしない程度に、狩猟本能を刺激する遊びをして楽しくエネルギーを発散させてあげましょう。

type D
シャイで内気な
オドオド坊ちゃん・嬢ちゃんタイプ

ズバリ、こんな性格！

臆病で小心者。ちょっと自分に自信がないところもあるようです。行動が控えめで、飼い主さんにもどこかよそよそしい態度。ちょっとした物音にびっくりして飛び上がったり、来客があると一目散に隠れる姿に「そこまでオドオドしなくても……」と思うかもしれませんが、無理矢理隠れ場所から出したりするのは禁物。焦らずゆっくり、「不安なことはないよ、大丈夫だよ」と教えていってあげましょう。

COLUMN 1

ウソ?ホント?

猫に関するうわさ

猫にまつわるウソかホントかわからない怪しいうわさ、誰でも一度は聞いたことがあるのでは？　例えば、「黒猫が横切ると悪いことが起きる」。これはヨーロッパで黒猫が魔女の使いとされたことから生まれた迷信です。逆に中国や日本では、「黒猫は福を呼ぶ」と信じられてきました。

「猫が顔を洗うと雨が降る」といわれるのは、雨の前にはヒゲが空気中の湿気を含んで重くなることを気にして、猫が顔をこするからだといわれています。でも単に汚れを落とすために顔を洗っていることもあるので、猫に天気予報をしてもらうのは難しそうですね。

「アワビを食べると耳が落ちる」というのは、実はちゃんとした理由あり。アワビのワタ（内臓）には、日光に反応して皮膚に炎症をひき起こす物質が含まれています。そのためワタを大量に食べると猫の体の中でも特に皮膚が薄い耳が日光に反応し、ただれてしまう危険があるのです。このうわさは東北の漁師さんが発祥だといいますから、きっと毎日アワビのワタをおすそわけしてもらっていた猫がいたのでしょうね。

LESSON 2

ボディランゲージを読みとろう

Q16 リラックスしているときの猫の表情ってどんなもの？

猫ゴコロ
満足じゃ〜

猫は、気持ちの動きに連動して耳の傾き方、ヒゲの向き、瞳孔の大きさが変化します。つまり、これらのどこにも力が入っていない状態がリラックスしているときの表情。耳は力が抜けているため正面からやや外側を向き、ヒゲは自然にたれ、瞳孔は中くらいの大きさです。リラックス度が高くなるにつれ、目もだんだんと細くなり、さらに眠気が増してくると瞬膜というまぶたの内側にある膜が目をおおいます。

また、猫がリラックスした表情であなたを見つめているとき、瞳孔が微妙に大小に動くことがあります。これは信頼と愛情の表れ。飼い主にしか見せない顔です。

猫の格言　満足顔は心を許したしるし

Q17 攻撃的なときの猫の表情ってどんなもの？

猫ゴコロ
やったろうか？

猫の攻撃性は、目と耳によく表れます。まず瞳孔の大きさ。猫の瞳孔は明るい場所では細く、暗い場所では大きくなり目にとりこむ光を調節しますが、明るさとは関係なく、感情でも変化します。アドレナリンが瞳孔の収縮に関係しているといわれています。猫が攻撃的な気分のときは、瞳孔が細くなり鋭い表情でにらみます。そして攻撃する瞬間には、アドレナリンが大量放出されるため、瞳孔も大きく開きます。

耳は攻撃性が高まっているときは横向きか後ろにそった状態になりますが、恐怖心が強くなってくると、防御するためさらに横に伏せていきます。

猫の格言　目と耳は口ほどにものを言う

Q18 興味しんしんなときの猫の表情ってどんなもの？

猫ゴコロ
超気になる！

もともと好奇心が強い猫。気になるものを見つけたときには全身全霊でそれに注目します。かすかな音も聞き逃さないよう耳はピンと立て、目はパッチリと見開き、瞳孔も対象物をよく見ようと大きく開きます。

さらに注目したいのはヒゲ！　何かに興味をひかれているときには、ピンと前方を向きます。猫のヒゲは毛根部分にたくさんの神経細胞が集まっているため、空気の流れを感知したり、距離感をはかったりするための大事なセンサーの役割を果たしています。このセンサーを前方へピンと張り巡らせ、一生懸命に情報を得ようとするのです。

猫の格言　本能と好奇心が原動力

Q19 怖がっているときの猫の表情ってどんなもの？

猫ゴコロ

や、やるかっ？

何かに恐怖を感じているときの猫は、体が防御の体勢をとるのはもちろん、顔だってしっかり防御モード。耳は傷つけられないように伏せ、ヒゲも後ろにひいています。でも、目だけはらんらんと大きく見開いています。これは、まわりをよ〜く観察し、状況を把握しようとしているため。反撃または逃げるタイミングをはかっているのです。恐怖で興奮状態にあるため、瞳孔もまん丸になります。また、恐怖感がマックスになり追いつめられると、「シャーッ」と牙を見せて威嚇することも。瞳孔がまん丸になっているときほど、恐怖度が高いということなので、扱いには要注意です。

猫の格言 怖いものから目をそむけるな！

Q20 しっぽを振っているのはどういう意味？

猫ゴコロ
イライラするなー

犬がしっぽで感情を表現するのと同じように、猫のしっぽもさまざまな動きで喜怒哀楽を表現します。ただし、その表現方法は犬とはまったく異なります。

例えば、犬がしっぽをぶんぶんと振るのは機嫌がよいときですが、それを猫に当てはめるのは大きな間違い。猫がしっぽを激しく振るのは、気持ちが不安定になり、イライラしているというサインです。「うれしいんだな」と勘違いしてかまい続けると、猫のフラストレーションが溜まり、咬みつく、ひっかくなどの攻撃に出ることもあります。猫のサインを読みとってそっとしておきましょう。

猫の格言 しっぽの振りでイライラ度判定

COLUMN

しっぽでバランスをとる

本来猫のしっぽは、体の3分の2くらいの長さ。12本の筋肉を使ってしなやかに動かし、体のバランスをとるかじとりのような役割もします。ジャンプをして着地するとき、狭い通路を歩くときなどにもしっぽが活躍。高いところであやうくバランスを崩しそうになっても、しっぽの筋肉を使ってバランスを立て直すことができるのです。ちなみに短尾の猫もしっぽを動かしますが、長いしっぽに比べてバランスをとるのが難しいため、大胆な動きは苦手。しっぽがないマンクス（ランピー）という品種の猫は、うさぎのように飛び跳ねて歩きます。

こんな猫ゴコロも

なーに？

猫のしっぽは、感情の動きに比例して、振り幅の大きさや振る速さが変わります。例えば、猫が何かをじっと見ながらしっぽをゆっくり動かしていたら、何か気になるものを発見して「どうしよう、見に行こうかな」と迷っているサイン。好奇心と少しの不安感の間を揺れ動く、小さな気持ちの揺れをしっぽによって表現しているのです。

Q21 しっぽをピンと立てているのはどういう意味？

猫ゴコロ

かまって～

猫がしっぽをピンと立て、見つめながら近づいてくるのは、母猫に甘える子猫の気分のとき。子猫は自分ではうまく排泄できないため、母猫が子猫のお尻をなめて排泄を促します。その際、母猫がなめやすいように子猫はしっぽをピンと立てます。その経験から、おとなになっても母猫のように親しみを感じている相手にはしっぽを立てて近づくようになるのです。

また移動の際にしっぽを立てることで母猫に見失われないようにする役割もあるため、「こっちを見て！」というときにもしっぽをピンと立てて注目を集めようとします。気分がよいというサインでもあります。

猫の格言 しっぽピン！　は愛の旗印

鳴き声
ボディ
行動
行動2
行動3

Q22 しっぽが急に太くなるのはどういう意味？

猫ゴコロ

ビビった〜！

新しいオモチャなどの見知らぬものや、聞き慣れない音などにびっくりしたとき、猫の全身の毛はブワッと逆立ちます。とくにしっぽは「まるでキツネ?!」というほど太くなることも。これは人間が鳥肌を立てるような、緊張で無意識に筋肉が収縮して起こる反応です。

また、怖いものに対してはとりあえず「近づくな！」と威嚇するのが猫の本能。この太くなったしっぽは、得体の知れないものに対面した恐怖心を隠し、体を大きく見せることで相手に弱気を気取られないようにする効果もあるのです。興奮がおさまると、しっぽも元通りになります。

猫の格言　膨らんだしっぽ、縮こまる心

Q23 しっぽを股の間に挟むのはどういう意味？

猫ゴコロ

怖すぎ！

立ち向かう気力をなくして降参することを「しっぽを巻いて逃げる」といいますが、これは動物が恐怖を感じたときにしっぽを丸めて縮こまる習性からきています。猫も同様で、威嚇もできないほど格上の猫など、太刀打ちできそうにないものに出会うと、しっぽを巻いて股の間に挟み、おとなしくなります。

これは、猫同士のけんかのルールから生まれた習性。猫は相手が降参の意を示せば、それ以上手を出しません。つまり、しっぽを巻いて体を小さく、弱く見せることで「攻撃しないで」と伝え、自分の身を守ろうとしているのです。

猫の格言　負けは素直に認めるべし

Q24 しっぽを体に巻きつけるのはどういう意味？

猫ゴコロ

警戒中！

座っているときや寝ているときのしっぽの扱い方には、けっこう個性が出るもの。自然にまかせダラリとしている猫もいれば、体にピッタリと添わせる猫もいます。しっぽを体に巻きつけているのは、基本的には警戒中のサインです。

ただ、足のまわりにグルリと巻きつけているような動きにくい体勢になっている場合は、敵を警戒しているのではなく、大切なしっぽを傷つけたくない、汚したくないという気持ちの表れでしょう。几帳面な猫によく見られます。また、寒い日であれば、しっぽを防寒具代わりに巻くことも。しっぽをまくら代わりにしている猫もいます。

猫の格言　昨日は右巻き、今日は左巻き

Q25 しっぽがプルプルと震えるのはどういう意味？

猫ゴコロ
いいもの見っけ！

猫がしっぽの先を小さく震わせていたら、興味をひかれるものや獲物を見つけ、テンションが上がっている状態です。こんなときの猫は、耳はピンと立って対象のほうを向き、興味しんしんな表情をしているはず。「見つけたぞ！」という喜びと興奮でしっぽが震えるのです。獲物に飛びかかる直前にも、緊張をともなった武者震いでしっぽを震わせます。そして狩りが成功したら、今度は「やった！」という喜びを表すように、しっぽをプルプルするのです。

また、名前を呼ばれたときなど、返事をする代わりにしっぽの先だけ震わせて「ここにいるよ」と合図をする猫もいます。

猫の格言　心の震えがしっぽも震わす

COLUMN

しっぽを獲物に見立てて狩りの練習

母猫は、子猫に狩りの方法を教える際、自分のしっぽの先を動かして子猫にじゃれさせます。これは「動くものに対して素早く反応すること」を教えるためのものであり、狩りを教えるにあたって、最初に行われるレッスンのひとつ。成長すると、子猫同士でしっぽを追いかけあうようになりますが、これによって子猫は、自分のスピードやジャンプ力を把握し、どんな攻撃が得意なのかを学習するのです。

こんな猫ゴコロも

遊ぼう！

子猫同士は、よく遊びます。「けんかごっこ」や「おいかけっこ」などをしたいとき、子猫はしっぽを逆U字型にして、きょうだい猫を誘います。飼い主さんに対してしっぽを逆U字型にして寄ってきたら、子猫気分で遊びに誘っているのです。ただし、猫の姿勢が低くなり、うなったりしているときの逆U字は威嚇のサインです。

Q26 けんかするときの猫の姿勢ってどんなもの？

猫ゴコロ

けんか上等！

新顔の猫と出会ったとき、猫は自分の縄張りを主張するためにしばしばけんかをします。でも、自然界ではけがをすると外敵に狙われて命とりになるので、「できればけんかはしたくない」というのが猫のホンネ。そのため、猫たちは姿勢を使って自分の優位性を表現するのです。要は、けんか前の脅しあい。いかに相手に威圧感を与えられるかが勝負のカギです。

自信満々の猫は、腰を高めに上げて体を大きく見せますが、足はまっすぐ地面を踏み、威風堂々とした態度。鋭い目でまっすぐ相手を見据えます。「けんか上等！　どっからでもかかってきな！」といった感じです。

猫の格言　顔で怒って、心で怯えて…

こんな猫ゴコロも

くるならこい！

ハッタリをかましたくても、悲しいかな、猫の体はとても正直。頑張って体を高く上げても、怯える気持ちに比例して上半身は低くなります。体を弓なりにして威嚇するのは、強気だけど相手の出方を探っている状態です。

こんな猫ゴコロも

来るな！

攻撃性はあるけど、本当はすごく怯えている……というときは、上半身は低く、下半身は高いという姿勢がより顕著に。さらに体を横向きにして少しでも大きく見せようと悪あがき。「来たら襲うぞ！（涙）」と強がります。

こんな猫ゴコロも

降参です

相手の威嚇に恐れをなし、戦う意思を見せない猫もいます。体を低くしてしっぽは股の間に隠し、小さくうずくまって完全防御の姿勢をとるのは、相手に怯えて降伏しているサイン。「弱いから攻撃しないで」という気持ちです。

Q27 おなかを上にしてゴロ寝する猫は警戒心ゼロ?!

猫ゴコロ

▼

ほげ～

猫が仰向けになり体をダラ～ンとのばして寝ている姿は、本当に気持ちよさそうで心が癒されますね。こんな姿が見られるのは飼い猫だからこそです。

本来、猫はとても警戒心が強い動物。何かあったときにはすぐに動き出せるよう足はしっかり地面につけ、丸くなって寝るのが普通です。丸くなるのは、おなかを守る意味もあるのでしょう。おなかは骨で守られていないので、狙われると深手を負ってしまう急所。そのおなかを見せて眠れるのは、飼い猫でも警戒心がまったくないときだけです。安心しきっていて「最高に気持ちいい～」という至福のときなのでしょう。

猫の格言 ゴロ寝は平和の象徴にゃ

こんな猫ゴコロも

のんびり

足を投げ出して寝ているときは、警戒心が弱くなっている証拠。おなかを出すまでは安心しきっていないものの、リラックスモードです。寝ているときは、体ののび具合に比例して、リラックス度も高くなるといえるでしょう。

こんな猫ゴコロも

ウトウト

足を体の下にたたんでいる「香箱座り」は、すぐに動ける体勢ではないものの、頭は高い位置にあり周囲の気配を感じとれる状態です。警戒半分、リラックス半分でちょっと休憩していたら、ウトウト……という感じでしょうか。

こんな猫ゴコロも

警戒中

まわりを警戒しながら寝ているときは、体を守るようにキュッと丸くなり、足はしっかりと地面につけています。顔も完全には地面につけず、足の上に置き、不穏な気配を感じたらすぐに動き出せるような体勢をとっています。

Q28 季節によって寝相が変わる気がするんだけど…？

猫ゴコロ

暑いとのびちゃうの

猫の寝相は気温によっても変化します。寒いときは体の熱を逃がさないようにグルリと丸くなり、逆に暑いときは放熱しようと体をのばして寝ます。

猫はもともと砂漠の動物なので、気温が15℃くらいになると寒く感じ、丸くなって寝ます。では、暑さには強いかというと、そうでもありません。湿気が苦手なため日本の暑さには弱く、22℃くらいまで気温が上がった日には、もうのびきった猫の姿が見られるはずです。ただし、いくら暑くても安心できない場所ではのびたりはしません。のら猫は、足をのばしたいときは高い場所へ移動します。

猫の格言 快適な場所は猫のもの

Q29 足をブラリとたらして寝ているのは脱力中？

猫ゴコロ
安心、楽ち〜ん

高いところで足をブラリとたらして寝ているのは、野生時代の習性の名残です。敵に襲われにくく、周囲を見渡すことができる高い場所は、猫にとって安全な場所。キャットタワーの最上段など、とくに高い場所では、猫も安心しきって脱力できる……ということでしょうね。同じネコ科のライオンも、まったく同じような姿勢で木の上で休むことがあります。

また同じように足をダラリとのばしていても、あごを何かに乗せて寝ているときは、リラックスしているように見えて実は警戒中。周囲の気配を感じやすいよう、頭の位置を高くしているのです。

猫の格言 野生の魂、現世まで

猫の4コマ劇場 ボディ編

by 坂木浩子

大人になったら…

猫の知能は人間の2〜3歳児くらい

寝相

女の子の方がより大胆じゃないですか?

不快オーラ

お客さまに失礼ですョ!

えらそう

いつでも注目の的でいたいらしい…

チャートでわかる!

猫からの愛され度チェック

あなたは猫にとって100点満点の飼い主? それともどうでもいいと思われてる?! 猫からの愛され度を診断します。

YES →
NO ⋯→

START

あなたのあとを追いかけてくることがよくある

気づくと猫があなたを見つめていることがある

あなたが帰宅すると玄関に出迎えに来る

あなたの手や顔などをなめてくることがある

あなたのひざに乗ってきたり、抱っこをせがむことがある

あなたが指を差し出すと、いつも鼻をくっつけてくる

あなたがさわろうとすると逃げることがある

type A

type B

type C

type D

あなたが
名前を呼ぶと、
必ず来る

前足であなたの
体をフミフミ
してくることが
ある

あなたが顔を
近づけて
見つめると、
目をそらす

あなたのそばでは
しっぽをピンと
立てていることが
多い

ひとり遊びより、
あなたと一緒に
遊ぶことが多い

あなたの手や足に
突然咬みついて
くることがある

あなたと一緒に
寝ることはない

詳しい結果は次のページ

診断結果をチェック!

あなたはどれだけ愛されてる?

type A のあなたは……

おめでとう！　あなたは猫にとても愛されています。あとを追ってきたり名前を呼ばれると必ず飛んでくるのは、あなたを母猫のように慕い、いつも一緒にいたいと思っているから。あなたのそばにいれば猫は安心して、満ち足りた気分になれるのです。手や顔をなめてくるなど、ときにはあなたを恋人のように思っている場合もありそう。これからもずっとそのまま、相思相愛の関係でいてください！

type B のあなたは……

満点ではありませんが、あなたは猫にとって間違いなく大切な存在。片ときも離れたくないほどの関係ではないけれど、母猫や恋人のような愛情を感じているようです。あなたのことをじっと見つめてみたり、帰宅するとうれしくなって出迎えに行ったり。ひざの上でくつろぐことや、顔を近づけても目をそらさないのが、猫があなたに安心感を感じている何よりの証拠。これからもよい関係を続けて！

＼大好き♥／
＼好き／
＼いい感じ／
＼…?／

type C のあなたは……

Loveより
Likeかも
50

うーん惜しい！　あなたは猫にとって、母猫や恋人ではなく友達やきょうだいのような存在と思われているようです。「一緒に遊んでくれるしごはんもくれるから好きだけど、あんまりベタベタしないでね」という感じかもしれません。けれども一緒に寝たり遊んだり、そんな関係を続けるうちに、Like が Love に変わっていく可能性は十分あり！　これからも猫のよき遊び相手になってあげてくださいね。

type D のあなたは……

嫌いじゃ
ないけど…
10

残念！　あなたは猫にとって「けっこうどうでもいい存在」のようです。嫌いじゃないから鼻ツンであいさつしたり、たまにはなでられたり遊んだりもするけれど、「ちょっと苦手だなあ」なんて思われているかも。猫が乗り気でないときにしつこく遊びに誘ったり、大きな声で驚かしたりしていませんか？　猫があなたといることを心地よいと感じられるように努力すれば、関係も変わってくるでしょう。

COLUMN 2

しぐさでわかる 病気のサイン

「あれ、いつもと違うしぐさをしてるぞ？」と気づいたら、それは病気のサインかも。猫の病気のサインを知って、病気の早期発見に役立てましょう。

猫風邪などが原因で鼻が詰まると、口で呼吸をするしぐさが見られます。通常、猫は口で呼吸をすることはないので、パクパクと口を開けて呼吸をしていたら、すぐに病院へ。

また頭を何度も振ったり、かゆそうに耳を足でひっかいていたら、耳に違和感があるサイン。耳の中に虫などの異物が入り込んだか、中耳炎などの疑いがあります。

足をひきずって歩くのは、肩の関節異常かもしれません。足をしっかりと床につけないようにヒョコヒョコと歩いていたら、リウマチや巻き爪などひざから足先に問題があるサインです。

しつこいくらい体の一部をなめ続けている、ごはんや水を飲む量が急激に増えたなど、過剰な行動が見られたら、何か体に異常が起きていることを疑いましょう。食欲が増すのは寄生虫や糖尿病、水を多く飲むのは腎疾患、過剰なグルーミングは皮膚病などの可能性があります。

LESSON 3

行動の意味を探ろう

[観察編]

Q30 お尻をフリフリするのはどういう意味？

猫ゴコロ

よし、捕まえるぞ～

猫はもともと、ネズミなどの小動物を捕食して生活するハンター。高いハンティング能力を身につけています。獲物を見つけた猫は、草むらなどに身を隠し、体勢を低くして対象に近づきます。確実に獲物を捕えるために、飛びかかる前には後ろ足を交互に動かし、足踏みをして飛びかかる方向やタイミングを調整。このとき、しっぽもかすかに動かしてバランスをとります。そのしぐさが、お尻フリフリの正体です。

狩りの必要がない飼い猫でも、じゃらし棒などに飛びかかろうと狙っているときや、人の足を獲物に見立てて遊んでいるときにこのしぐさをすることがあります。

猫の格言 猫ダンスは狩りのステップ

Q31 寝転がって体をクネクネさせているけど、かゆいの？

猫ゴコロ
かゆいときもあるよ

背中を床にこすりつけるようにして、クネクネと体をくねらせるしぐさ。体がかゆくてこすっている場合もありますが、それ以外の場合もあります。代表的なのは、発情期のメスがオスを誘惑するしぐさ。色っぽくクネクネと体をよじらせながら地面を転がります。また、マタタビのにおいで酔っぱらった猫も、同じようにクネクネゴロゴロと地面を転がることがあります。

ベランダやトイレなど、人間からすると汚く感じられる場所でこのしぐさをすることも。これは野生時代、体についた寄生虫や汚れを落とすため砂地に寝転がって砂浴びをした名残だと考えられます。

猫の格言 柔軟な体があればこそ

Q32 首をかしげるのは悩んでいるとき？

猫ゴコロ
▼
なんだろう？

わたしたち人間は、「？」を表現するジェスチャーとしてよく小首をかしげますが、猫にはもっと物理的理由があります。「なんだろう？」と疑問を感じているのは同じですが、首をかしげるのは疑問の元を目や耳で探求しようとしているため。

猫の目は、動体視力や暗視能力は高いのですが、視力自体は人の10分の1程度。また、猫の聴力は人間の3倍以上も優れています。よく見えないものを角度を変えて見ようとしたり、人間には聞こえないかすかな音の発信源を左右の耳の角度をずらすことで探ろうとしたりする行動が、結果として首をかしげるしぐさになるのです。

猫の格言 悩む前に探れ！

Q33 2本足で立ち上がってプレーリードッグみたいなポーズをします

猫ゴコロ ▼ 気になる！

猫が後ろ足で立ち上がったまま直立不動になっているときは、上のほうにあるものをよく見ようとしていたり、あるいは、かすかな気配や物音を感じとって警戒していたり……どちらにせよ、何か気になることがあって、それを探ろうとしているときのポーズです。好奇心の強い子、縄張り意識や警戒心が強い子によく見られます。

一見、特殊なポーズに感じますが、けんかの最中や爪とぎをしているとき、夢中になって猫じゃらしを追っているときなどもよく2本足で立っています。後ろ足の筋肉が発達していて、体も柔軟なので、それほど苦になる体勢ではないのでしょう。

猫の格言 四足では見えない世界がそこにある

Q34 お尻をどっしり地面につけて座るのは、お尻が重いから？

猫ゴコロ

リラ～ックス

4つの足をキチッとそろえて地面につけるのが一般的な猫の座り方。でも、たまに変な座り方をする猫もいます。丸みのある体型の猫に多く見られるのが、足を前に投げ出し、地面にベッタリとお尻をつく座り方。スコティッシュフォールドによく見られることから"スコ座り"とも呼ばれます。

おそらく、おなかの毛づくろいをしている最中に楽な座り方であることに気づき、習慣化したのでしょう。すぐに次の行動に移ることができないこのポーズは、完全にリラックスしているときにしか見られません。周囲を警戒する必要のない飼い猫ならではですね。

猫の格言 飼い猫ライフは楽してなんぼ

Q35 舌が出しっぱなしになっているこどがあるけど大丈夫？

猫ゴコロ
しまい忘れちゃった

毛づくろいをしている最中に何かに気をとられたり、眠ってしまったりすると、舌をしまい忘れていることがあります。猫の前歯は小さく、口をとじても隙間ができやすいので、そもそも舌が出やすい構造。だから、ちょっと気を抜いたときにペロン、毛づくろいをして疲れちゃったときにペロン、と舌が出てしまうのですね。

ペルシャなどのあごが短い猫種や、あごの筋力が衰える老猫は、とくに舌が出てしまう傾向にあります。舌が出ること自体は病気ではありませんが、食欲がない、口臭がひどいなどの症状があわせて出ている場合は、口腔内の病気の可能性もあります。

猫の格言　ちっちゃいことは気にしにゃい！

Q36 目を閉じたあくびと、目を開けたままのあくびの違いは？

猫ゴコロ

ねむねむ～ 落ち着こう…

目を閉じてするあくびは、わたしたちがするあくびと同じ。「ねむ～い」のサインです。それとは別に、目をぱっちりと開いてあくびをすることがあります。とても眠そうには見えないこのあくび。実は、眠気とは真逆の緊迫したシーンでよく行なわれるのです。

猫はストレスを感じると、緊張を和らげて気持ちを落ち着かせようと、一見意味のない行動をとることがあります。これを転位行動といいますが、目を開けたままのあくびは、まさにそのひとつ。緊迫した空気だからこそ、目をしっかり開けて周囲のようすをうかがっているのです。

猫の格言 嫌な空気はあくびで吹き飛ばせ

Q37

ため息をつくけど、疲れてるのかな？

猫ゴコロ

一息つこう

猫がため息をついた！　悩みでもあるの？　と心配する飼い主さんもいることでしょう。でも猫は人間のように悩むことはありません。ため息のように聞こえるのは、鼻の穴からためていた息を一気に吐き出した音。人間でも、集中していると知らぬ間に息を止めていることがありますよね。猫も同じで、じゃらし棒の動きに集中しているときや見知らぬ物音に警戒しているときなどに、息を止めていることがあるのです。そして緊張が解けると「フーッ」と一息。

もし爪切りのあとなどにため息をついていたら、緊張していた証拠。「頑張ったね」とねぎらってあげましょう。

猫の格言　呼吸も忘れて超集中！

Q38 お尻を叩かれると喜んで お尻を高く上げる 猫はマゾ?!

猫ゴコロ

▼

気持ちいい〜

猫の腰からお尻のあたり、とくにしっぽの付け根部分には、性的刺激につながる神経が通っています。そのため性成熟後のおとな猫は、お尻を叩かれると喜ぶことがあります。なでられるのが好きな子、軽くポンポンと叩かれるのが好きな子、バシバシとかなり強い力で叩いてほしがる子など、好みはいろいろ。とくにお尻を上げるポーズをするのはメス猫が多く、そのときはしっぽも上がっていて、交尾でオスを受け入れる姿勢に似ています。

敏感な場所なので、最初は喜んでいても、叩きすぎると突然怒って咬みつくことも。ころあいを見て切り上げるのが賢明です。

猫の格言 お尻ペンペンはおとなの味

Q39 前足で目を隠す ポーズをするのは恥ずかしがり屋？

猫ゴコロ

まぶしい～

猫の目は光を多くとりこむことができ、暗闇でもわずかな光で獲物の姿をとらえて狩りをします。そんな猫にとって、自然界にはない蛍光灯などの明るい光は、少しまぶしすぎるのかもしれません。明かりのついた部屋で寝ているときや、暗いところで寝ていて急に電気がついたときなどに、前足で目を隠すようなポーズをするのは、光を遮るためだと考えられています。

また、顔を毛布などに押しつけて寝るのは、母猫のおなかに顔をうずめて眠った子猫の時代を思い出して、安心するから。前足で顔をおおってムギュー！　とするのは、ストレッチの一種と考えられています。

猫の格言 猫の目守る、前足アイマスク

Q40 目を見たらゆっくり閉じる。眠いの?

猫ゴコロ 敵意はありません

単独で暮らす猫同士が出会い、目があうと、たいていの場合はお互い目をそらします。相手の目を見るのはけんかを売るとき、いわゆる「ガンをつける」場合だけ。ただ、親子やきょうだい、恋人など親しい相手とは、じっと見つめあいます。

目を見るとゆっくり閉じるのは、目をそらすほど他人でもないけれど、見つめあうほど親しくもないときに、「敵意はないですよ、仲良くしましょ」と相手に伝えるサイン。飼い主に見つめられて、安心感からリラックスして目を細めている場合もあります。飼い主が目をつぶると寝てしまう子は、飼い主と一心同体の甘えん坊です。

猫の格言 視線は猫のメッセージ

Q41 背伸びをして爪とぎをするのはどうして？

猫ゴコロ
大きく見せたい！

猫が爪とぎをするのには、爪の古い層をはがす手入れの意味と、指の間や肉球の臭腺から出るにおいをつけるマーキングの意味があります。

背伸びをして爪とぎをするのは、マーキングの視覚的な効果を高めるため。自分の縄張りのしるしとして、高い位置に爪あとをつけておけば「こんなに大きい猫がいるんだ。強そうだな」とほかの猫に思わせることができ、無用な縄張り争いを避けられるからです。

ちなみにストレスを感じたときや興奮状態のとき、気持ちをしずめるための転位行動として爪とぎをすることもあります。

猫の格言 爪あとは猫のステータス

Q42 靴下のにおいを嗅いで、笑っているような顔をします

猫ゴコロ
気になるにおい〜

猫には鼻以外にもにおいを感じとる場所があります。それは口の中。前歯の裏側にあるふたつの小さな穴〝ヤコブソン器官〟で、においを判別します。異性のオシッコのにおいなどを嗅いだとき、口を半開きにして、ここににおいを送りこみますが、そのときの顔はまるで笑っているように見えます。これを〝フレーメン反応〟といい、馬や羊、象などにも見られる現象です。

主に性フェロモンのにおいに反応するといわれていますが、人間の脇の下や靴下のにおいに対して反応することも。人間の体臭に、猫のフェロモンに似たにおいが混ざっているのかもしれませんね。

猫の格言 マタタビか、蒸れ靴下か

Q43 夜中に突然大暴れするのは、ストレスがたまっているの？

猫ゴコロ

狩りの時間だ！

猫はもともと夜行性。野生の猫は暗闇でもよく見える目を生かして、夕方から夜中、明け方に狩りをしていました。飼い猫にもその本能は残っていて、夜や明け方の時間帯になると、「狩りの時間だぞ！」と、ハンターのスイッチが入るのでしょう。ただ野生の猫と違い、飼い猫は狩りをする環境にはいませんので、代わりに走り回ったり、カーテンによじ登ったりといった〝夜中の運動会〟でエネルギーを発散しているのです。

近所迷惑が心配な場合は、早めの時間帯にじゃらし棒などでたっぷり遊び、エネルギーを発散させてあげましょう。

猫の格言 やる気は夜にやってくる

Q44 窓の外をずっと見ているけど、外に出たいの？

猫ゴコロ
怪しいやつはいないか？

窓辺に座ってずっと外を見ている猫。「外で自由に遊びたいと思っているのかな」と、ちょっとかわいそうな気もしてしまいますよね。でも、飼い猫にとって家の中は安全な自分の縄張り。そこから出たいとは思っていません。そうではなくて、窓の外、つまり縄張りの外から侵入者がやってこないか、見張っているのでしょう。

あとは単純に、窓の外には風で揺れる木の枝や草花、鳥や虫など、おもしろいものがあるから見ているだけということも。ただ、元のら猫の場合は「外に出たい」と思って窓辺にいることもあるので、脱走に気をつけましょう。

猫の格言　縄張りの平和は自分で守る

Q45 掃除機を攻撃してくるのは獲物と思っているから？

猫ゴコロ

変なやつ！

ドライヤーやバイクの音など、モーター音が猫は大の苦手。掃除機の音も、不愉快に感じるようです。掃除機の場合、音に加えて、吸い込み口や長いチューブが何か恐ろしい敵のように見えるのかもしれません。臆病な子は、逃げ出します。ちょっと強気なら「シャー」と威嚇。パンチするのは、かなり勇気のある強気な猫でしょう。

　子猫のときから慣らしていれば平気になる場合もありますが、それでも苦手な猫は苦手なようです。掃除機が動いていないときに攻撃する猫は、「あの得体のしれないやつが弱っている！　今がチャンス！」と思っているのかもしれませんね。

猫の格言　「正体不明」は永遠の敵

Q46 新しいオモチャをあげたら気に入らないの？パンチ！

猫ゴコロ
何これ？

〝猫パンチ〟は、けんかのときだけにするわけではありません。実は猫の前足の内側には、ヒゲが生えています。ヒゲは触毛という感覚器で、危険を感知する機能があります。

そのため猫ははじめて見るものやよくわからないものを、「これはなんだろう？危険なものなのかな？」と警戒しながら確かめるとき、まずは前足でパンチしてみるのです。「そんなに危険ではなさそうだ」というときは、パンチではなく軽くちょいちょいとつついてみる場合もあります。確認して安全とわかれば、オモチャで遊び始めるはずです。

猫の格言 石橋は、はたいて渡れ

Q47

ひとりで床や空中に飛びかかっているけど、どうしちゃったの？

猫ゴコロ

おれだけの獲物見っけ！

何もないのに、壁に飛びついて虫を捕まえるようなしぐさをしたり、床にパッと飛びかかってひとりで遊んでいることがあります。これは猫の「狩りごっこ」。そこに獲物がいることを想像して、狩りをしているつもりで夢中で飛びかかっているのです。

子猫はきょうだい猫ととっくみあって「けんかごっこ」をしたり、木の葉にじゃれつくなどのひとり遊びをしながら、けんかの仕方や狩りの方法を学んでいきます。この「狩りごっこ」も、そんな子猫時代のひとり遊びのひとつ。おとなになるとしなくなるので、代わりに飼い主さんが遊び相手になってあげましょう。

猫の格言 裸の王様と言うにゃかれ

Q48 ジーッと一点を見つめているのは、霊が見えている?!

猫ゴコロ
なんだろう?

ふと猫を見ると、何やら天井の片隅をジーッと見つめている……。もしかして、猫には霊が見えるの?! などと怖がるなかれ。それはたぶん、人間には聞こえない音を聞いているのです。

猫の聴神経は4万本もあり、6万ヘルツの超音波まで聞きとります。20m先を歩くネズミの足音も判別できる、といわれているほど。音の出ている位置も正確にわかるため、ジーッと音のする方向を見ているのです。猫の視線の先の天井裏では、ネズミが歩いているのかも。ときどき視線が動く場合は、クモなどの小さな虫を目で追っている可能性もあります。

猫の格言　幽霊の正体見たり、チビネズミ

Q49 ぬいぐるみをくわえて運ぶのは狩りのつもり?

猫ゴコロ

▼

安全な場所に運ぼうっと

猫は、一口で飲みこめない大きさの獲物は安全な場所に運んで食べる習性があります。ぬいぐるみを獲物に見立てた「狩りごっこ」をしたあとにくわえて運んでいたら、獲物を落ち着いて食べられる物陰に持っていこうとしているのだと思われます。

また、飼い主のところに運んでくるなら、あなたを子猫に見立て、獲物を捕ってきてあげた母猫気分になっているのかも。母猫は子猫の首の後ろをくわえて運ぶ習性があります。ぬいぐるみを大事そうにくわえて運び、なめたり一緒に寝たりしているのなら、安全な巣で子猫をお世話している母猫の気分なのでしょう。

猫の格言 安心安全が猫の優先事項

Q50 垂直にピョーンと高くジャンプ！何があったの？

猫ゴコロ ▼ びっくりした！

突然垂直にピョーンと飛び上がるのは、何かに驚いたときに反射的に起こる反応。「飛び上がるほどびっくりした」ということです。急に大きな音が聞こえたり、寝ているときにさわられたりして「うわっ！」とびっくりしたときに、高くジャンプします。

最大で2メートルも飛び上がるというこのジャンプ、自然界では、危険回避に役立っています。突然高く飛び上がった猫を見て敵も驚き、攻撃のタイミングを失ったり、低い姿勢で向かってきた敵なら、頭上を飛び越えて攻撃をかわすこともできるというわけです。優れたジャンプ力を持つ猫ならではのスゴ技なのです。

猫の格言 ビビリジャンプに仇もビビる

Q51 テレビをよく見ているけど、楽しいのかな？

猫ゴコロ
狩ってやろうかな…

猫の目には、テレビに映っているものが何かまではわからず、影のような塊が動いているように見えていると思われます。でも動物番組なら、鳥の鳴き声や、小動物の動きに反応しますし、サッカーや野球など動きの多いスポーツは、獲物である小動物の動く姿に似て見えるのでしょう。狙いを定めてパンチすることもあります。

結局捕まえられないので、少々フラストレーションがたまるかもしれませんが、退屈しのぎにはなります。留守番をさせるときなど、猫が好きな番組や動物園などで小動物を撮影したビデオを流しておくといいかもしれません。

猫の格言　このもどかしさにはまるのにゃ

Q52 オモチャを水に浸けるのはどうして？

猫ゴコロ

おもしろい！

猫にとって、水は"不思議なもの"。なんだかキラキラ光って、つかもうとしてもつかめないし、ユラユラ揺れるし……。とくに子猫は水でよく遊び、そのなかでいろいろな発見をすることもあるようです。

オモチャを水にボチャンと落として遊ぶのは、子猫気分が強く好奇心旺盛な猫なのでしょう。オモチャがたまたま水入れの中に落ちたか、ふと思いついて入れてみたら、プカプカ浮かんで揺れたり、濡れて重くなったり。「なんだか違うものになったみたい！」と、大発見をした気分だったのかもしれません。おもしろいから何度もやるうちに、遊びとして定着したのでしょうね。

猫の格言 水遊びは猫のたしなみ

Q53 なぜ猫は死ぬときにいなくなるといわれるの？

猫ゴコロ

そっとしておいて…

野生下では、弱っている動物はとくに敵のターゲットになりやすいもの。そのため体調が悪くなると、本能的に敵に見つかりにくい場所に隠れようとします。うまく隠れて養生すればまた元気になれることもありますが、病気やけがのダメージが進行していれば、隠れ場所でそのまま死んでしまいます。猫の場合、物置や屋根裏などにひっそりと入りこみ、そのまま発見されることなく亡くなることが多かったのでしょう。

ただ最近は子猫気分で母猫役の飼い主に頼って生きている猫が多いため、具合が悪いときには隠れるどころか、逆に甘えてくることもあります。

猫の格言 弱みを隠すのは動物の本能

Q54 前足を水で濡らしてから顔を洗うのはすっきりするから？

猫ゴコロ
便利だな〜

「顔を水で洗う」というと人間のようですが、顔洗いは猫の毛づくろいの一環です。猫は自分の前足をなめて湿らせてから、顔の毛を整えます。最初は偶然、水で遊んでいるときに濡れた前足で顔をこすったのでしょう。水で濡れた前足は、なめずとも湿り気を含んでいたわけで「これは便利！」と思ったのかもしれません。それがもし夏だったら、きっと水のおかげで顔がスースーと涼しくなり、心地よかったことでしょう。猫はいいことがあった経験はしっかりと覚えて、学習し、繰り返すもの。この行動もそんな〝よい経験〟から習慣化したものかもしれません。

猫の格言 水も滴るいい美猫

Q55 逆さまにぶらさがったまま じっとしています

猫がキャットタワーにしがみつき、逆さまになったままじっと動かない……。そんなとき、猫が興味しんしんな表情をしていれば、それはきっと猫の遊び。"逆さまに見える世界"を楽しんでいるのです。

猫はこのような「～しているつもり」のごっこ遊びが大好き。何もない空中に飛びかかったりするのは、獲物がいることを想定して遊ぶ「狩りごっこ」。こちらは「異世界ごっこ」とでもいいましょうか。逆さまになって景色を眺めることで、違う世界にいるつもりになっているのでしょう。このように想像力を働かせて遊ぶのは、知能が高い証拠なのです。

猫ゴコロ

別の世界が見えるぞ！

猫の格言 想像力が猫生を豊かにする

Q56

首の後ろをつかむとおとなしくなるのはどうして？

猫ゴコロ

暴れると危ないからね

母猫は巣から出てしまった子猫を連れ戻すときや敵から逃げるとき、子猫の首の後ろをくわえて運びます。そのときもし暴れたら、地面に落ちてけがをしたり、敵に襲われてしまうでしょう。そのため猫は首筋をくわえられると、条件反射でおとなしくなるのです。

この習性は交尾のときにも生かされます。オスはメスにのしかかると、メスの首の後ろを咬みます。そうすればメスはおとなしくなるため、交尾がしやすくなるというわけです。ちなみに首の後ろは急所でもあります。緊急時以外、猫の首の後ろをつかんで持ち上げるのはやめましょう。

猫の格言 鎮静剤より首筋ガブリ

Q57 鏡に向かって威嚇！敵がいると思ってる？

猫ゴコロ

何者だ？

猫は視覚で"猫の形をしたもの"を仲間と認識できるといわれています。ただ立体的に見るのは苦手なため、鏡に映った自分を見ると、仲間だと思って近づくのです。

あいさつしようと、鏡の中の猫に自分の鼻をくっつけてみたり、前足をかけようとする子もいます。鏡を見て威嚇するのは、縄張り意識が強い子なのでしょう。はじめて見る猫に、「おまえ何者だ！」と警戒しているのです。でもそのうち気にしなくなります。においがしないし、前足で触れてみても感触が違うため「仲間じゃない」と気づくようです。また、それが自分の姿だと理解できるからともいわれています。

猫の格言 確認作業は大切にゃ

Q58 雨の日はなんだか静か。猫も憂鬱になるの？

猫ゴコロ
今日は狩りはお休み…

人間が憂鬱な気分になりがちな雨の日は、猫もなんだか静かなようす。いつもなら元気に走り回ったりごはんをさいそくしてくる時間にも、ひたすら寝ていたりします。でもこれは「憂鬱だな～」と思っているわけではなく、本能的なもの。

雨の日には、獲物となる小動物もあまり巣から出てきません。ということは雨の日に狩りに出かけても、無駄足になる可能性が高いということ。獲物もいないし、濡れて体が冷えれば体力も消耗してしまう。そんな雨の日は「次の狩りに備えて体力を蓄えるべく、たくさん寝る日」と、猫の体にきざみこまれているのでしょう。

猫の格言 体力は上手に使え！

Q59 家の中でいつも同じ場所を通っている気がします

猫ゴコロ

道は全部把握済み！

猫は毎日パトロールして、自分の縄張りを把握しています。のら猫なら「ここは敵に見つかりにくい抜け道」とか「ここは散歩に来る犬が多くて危ない道」といった情報が頭の中に入っているでしょう。飼い猫でも同じで、物が落ちてきて危ない思いをした棚のそばは通らなくなるなど、経験によって家の中の縄張りの安全な通り道を把握しています。

ちなみによく見ると、前足と後ろ足で同じ場所を踏んで歩いているのがわかるはずです。前足で踏んで安全だった場所を後ろ足でも踏むのが、危険を避ける猫の知恵なのです。

猫の格言 交通安全は鉄則にゃ

猫の4コマ劇場 観察編

by 坂木浩子

朝の日課

明け方に聞こえる
くぐもった音は
ボスッ
ボスッ
ボスッ
朝の日課
フゥー
ダンボールむしり
鳥の羽をむしる
感覚に近いんだとか…
ボスッ
プッ
むしり終わるとごはんの時間
やはり鳥!?

いつか来る狩りにむけてトレーニング!?

ニガテなにおい

メンタムを嗅ぐと
何だニャ?
1mくらい飛びあがる
ピョー
夏みかんは
ヴニャッ
はたき落として
逃げる…
しっぽが3倍!
ヴギー
ブワッ

3日後にはまた同じことをする

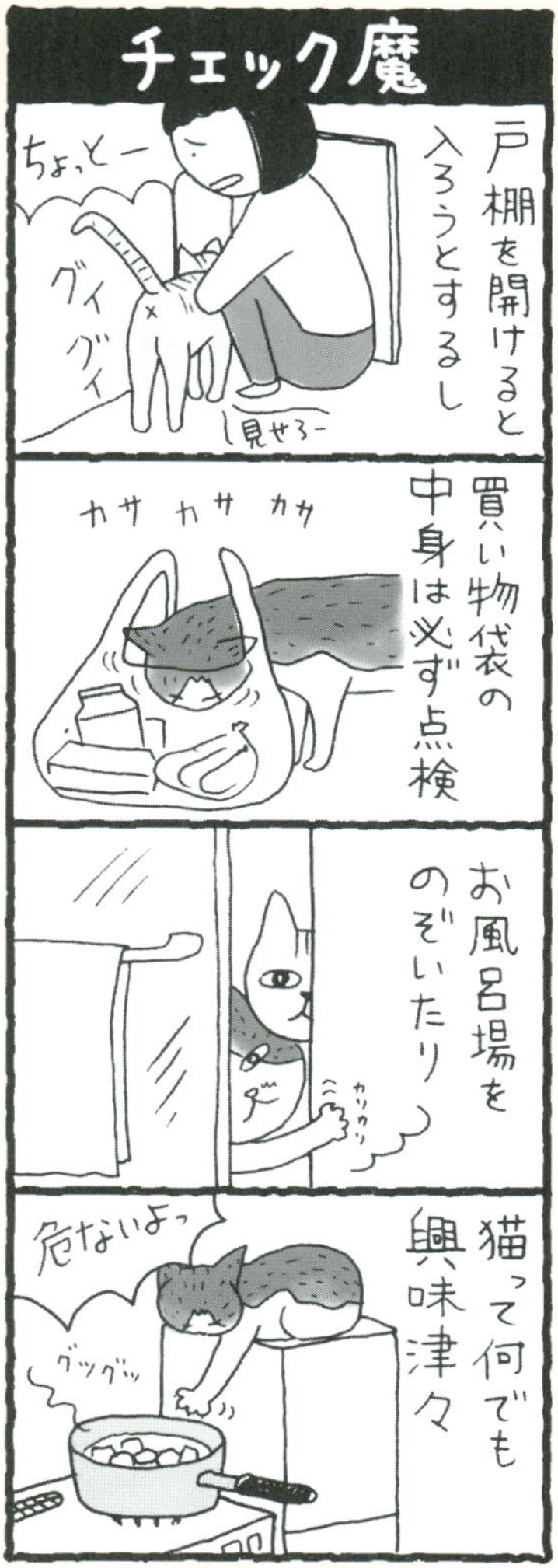
チェック魔
戸棚を開けると入ろうとするし
ちょっとー
グイグイ
見せろー
買い物袋の中身は必ず点検
カサ カサ カサ
お風呂場をのぞいたり
カリカリ
猫って何でも興味津々
危ないよっ
グツグツ
トイレについてきてチェックするのは勘弁。

大切なのは袋のほう
確かまだ残ってるはずなんだけどな
食べかけのお菓子が行方不明
一週間くらいしてタンスの裏で発見
あーっこんなところにー
人間の食べ物には全く興味ないけど
もったいない…
クサイッ キライッ
サカサカサカ
お刺身
ビニール袋には目がない
コラーもってくなー
ズル ズル
刺身が嫌いってどういうことよ〜。

COLUMN 3

比べてみよう！
猫と犬の違い

猫と犬の祖先は、実は同じ。ミアキスというイタチに似た体形をした肉食獣でした。そのため猫と犬には体の構造などで似ているところがありますが、能力や行動にはいろいろな違いがあります。

例えば猫がキャットタワーなど垂直運動が好きなのに対し、犬はドッグランを駆け回るなど平面的な運動が好き。これは、猫の祖先が森、犬の祖先が平原をすみかとしてきたからです。

また、特徴的な違いのひとつに前足の動きがあります。チョイチョイとつついたり、勢いよくパンチしたり、抱えこんだりと、さまざまな動きができる猫の前足。その理由は鎖骨があるから。鎖骨があることで、飛び降りたときの肩にかかる負担も少ないため、樹上から獲物に飛びかかって前足で捕え、急所に咬みつきしとめるという狩りをしていました。

対して、犬には鎖骨がなく、前足で獲物を捕える動きはできません。しかし足を走りに特化し、速さと持久力を発達させました。獲物を何キロでも追いかけて追いつめ、力強いあごで咬みついてしとめる狩猟スタイルとなったのです。

LESSON 4

行動の意味を探ろう

[暮らし編]

Q60 お風呂の水を飲みたがるのはどうして？

猫ゴコロ

こっちのほうがおいしいもん

「猫には水の味を感知する、特別な味覚細胞がある」という説があります。味覚は、体に必要な栄養成分をおいしく感じるように進化するといわれており、猫は食物の鮮度をはかる「酸味」と「苦味」にはとても敏感。「甘味」も、糖分の甘さは感じませんが、主食である肉を甘いと感じとるようです。

肉食動物は食べ物から入る塩分を排出するために多くの水分を必要とするので、猫が水の味に敏感でも不思議ではありません。ただ「おいしい」の定義は猫それぞれ。お風呂の水を飲む猫は、カルキ臭が抜けた水や、冷たすぎない水が好きなのかもしれませんね。

猫の格言　水のソムリエとはわたしのこと

COLUMN

いろいろなシーンで活躍する猫の舌

猫の舌の表面には糸状乳頭と呼ばれる小さな突起がたくさんついています。毛づくろいをするときは、この突起がくしの目の役割をし、ゴミや抜け毛をとるのに役立ちます。食事のときには、獲物の肉をそぎ落とすフォークのように舌を使います。そして水を飲むときにも舌を器用に使いますが、実は猫によって違いがあるのだとか。舌の表面を水につけ、突起ひとつひとつに水を乗せて飲む猫もいれば、舌先だけを水につけ、引き上げるときにできる水柱をパクッと飲む猫も。どちらの場合も、１秒間に約４回も舌を出し入れしているそうです。

こんな猫ゴコロも

キラキラしてて、おもしろいな～

蛇口から出る水を飲みたがる猫も多くいます。これは味もさることながら、流れる水の動きや音、流水が舌に当たる不思議な感覚を楽しんでいるのでしょう。蛇口についた水滴をなめるのは、野生の本能がうずいているのかも。自然の中では偶然見つけたたまり水などが貴重なため、水滴を見るとついペロッとしたくなるのです。

Q61 前足ですくって水を飲むけど、面倒じゃないのかな？

猫ゴコロ ▼ 遊んでたんだ

前足ですくうようにして水を飲む猫は珍しくありません。これは、元をたどれば野生時代の習性からきている行動。自然でのたまり水は泥やゴミなどで汚れていることが多いですよね。そのため、水分だけを前足に含ませてなめることがあったようなのです。その名残で本能に従ってやってみたら、水の動きがおもしろかった……と、習慣化したのかもしれません。

ときどきこの行動が見られる場合は、遊び感覚でしている可能性が高いですが、なかには必ずこの方法で水を飲む猫も。面倒そうに見えても、こだわりがあってのことなのです。

猫の格言 濡れても楽しい、水遊び

Q62 ごはんに向かって砂をかけるしぐさをするのはいらないってこと？

猫ゴコロ

あとで食べようっと

野生の猫は、いつも同じ時間に同じ量を食べることはできません。獲物を捕まえては食べ、捕まえては食べ、と、少量を何回にも分けて食べます。ときには、獲物がまったく捕れない日もあるでしょう。だから、猫は食欲にむらがあり、日によって食べる量が違ったり、ごはんを食べ残すことも多いのです。

野生の猫は、大きな獲物や食べ残した獲物は、狩りがうまくいかなかったときのために土や葉で隠してとっておく習性がありました。それがフード皿のまわりで砂をかくしぐさをする理由。「今はいらないけど、あとで食べよう」と思っているのです。

猫の格言 能ある猫は獲物を隠す

Q63 フード皿から食べずにお行儀の悪い食べ方をする理由は？

猫ゴコロ
このままじゃ食べづらいの

　いつもお皿をひっくり返して、床の上でフードを食べる場合は、もしかしたらフード皿の大きさや形が猫にとって食べづらいものなのかもしれません。食べている間、ヒゲがお皿につねに当たっていたり、隅っこのフードがとれない角ばった形のお皿を使ったりしていませんか？

　また、気に入らないフードだと「いらないから埋めちゃおう」と思うのか、バシバシとお皿を叩くことも。満腹時には獲物をもてあそぶ習性から、フードにじゃれついて遊んだりもします。またお気に入りのおやつなどは横どりされないよう、物陰に持っていって食べる場合もあります。

猫の格言　猫には猫の食事マナー

Q64 オモチャをフード皿に入れてごはんを食べるのは遊び？

猫ゴコロ
獲物をしとめたぞ

動くオモチャなどを"捕まえた"猫がすぐにオモチャをフード皿に入れてごはんを食べ始めたなら、「狩りをした」という野生気分になって食事をしていると考えられます。食べているのがカリカリでも、新鮮な獲物を食べているような満足感を感じているのでしょう。

また、親猫は獲物を捕え食べるところを子猫に見せるもの。もしかしたら親猫気分で、食事の方法を飼い主に教えているつもりなのかもしれません。独占欲が強い猫なら、自分の物であるオモチャをフード皿に入れることで「このごはんはわたしの！」と主張している可能性もあります。

猫の格言 演出は食卓を楽しくする

Q65 食事のあとに毛づくろいをするのはどうして？

猫ゴコロ

汚れたからきれいにしなきゃ

猫の被毛には、体温調節や紫外線防止、防水など、外からの刺激を防ぎ皮膚を守る役割があります。そしてもうひとつ、顔に生えているヒゲと同じ硬くて敏感な毛が1～4平方㎝に1本ずつくらいの割合で混ざっていて、気配を察知する役割も果たしているのです。野生で生きるためにはつねに感覚を研ぎ澄ませておかなくてはいけません。そのため猫は、暇さえあれば毛づくろいをし、被毛を清潔に保ちます。

食後の毛づくろいも、汚れをとるため。まずは口のまわりをペロリ。次に前足で口のまわりや顔をぬぐい、最後に前足もなめてきれいにすれば完了です。

猫の格言 毛づくろいは生活の一部です

Q66 足を砂につけずにトイレのふちに乗ってふんばっています

猫ゴコロ

こだわりだにゃ

猫の祖先のリビアヤマネコは砂漠地帯に住んでいたので、砂の上に排せつする習慣が自然と猫にも身についています。ですが飼い猫のなかには、足に砂がつくのを嫌がる子もいます。生まれたときから家の中で育っている飼い猫ならではのこだわりといえるでしょう。

そんな子は、砂につかないよう足をトイレのふちにかけてしたりします。前足をかけるだけの子から、後ろ足を1本加えた3本かけスタイル、そして4本の足をすべてふちにかけてする子と、バリエーションはさまざま。ウンチとオシッコでポーズを変えるというこだわりを持つ子もいます。

猫の格言 ウンチングスタイルは猫の個性

Q67 トイレのあとに砂をかけないのって変？

猫ゴコロ

おれは強いんだ！

猫がウンチに砂をかけるのは、自分のにおいを弱めるため。自分の強さを誇示したい場合は、あえて砂をかけず、においが強く漂うようにします。つまりトイレのあとに砂をかけない猫は、自分が強いと思っているということ。多頭飼いなら「この家の猫たちのなかで自分がいちばん強いんだ」と主張していると考えられます。

ただ、普段は砂をかける猫が急にかけなくなったときは、何か嫌なことがあったりして、不安や不満があるというサインかもしれません。また、かけようとしてちゃんとかけられていない、不器用な子もいます。

猫の格言 ウンチのにおいが自慢です

Q68 いろんなところにオシッコをまきちらすのはどうして？

猫ゴコロ
不安だな…

普段のしゃがんでするオシッコと違い、立ったまましっぽを上げてお尻を震わせ、スプレー状にオシッコを噴射することを〝スプレー〟といいます。これは自分のにおいをつけるマーキングのための行動。とくに性成熟したオスのオシッコにはメスの約4倍のタンパク質が含まれ、強いにおいがします。野生の猫はこのスプレーで、縄張りに自分のしるしをつけて回るのです。

飼い猫の場合は縄張りは安定しており、スプレーで主張する必要はないのですが、環境の変化や来客などで不安を感じたときに、してしまう子がいるようです。

猫の格言 自分のにおいが安定剤

Q69 ウンチする前やあとに駆け回るのは飼い主へのお知らせ？

猫ゴコロ

気合い入れるぞ！

猫は野生時代、自分の寝ぐらから離れた場所をトイレにしていました。そのため「ウンチがしたい……」と思った猫は、まず安全な巣から出る決意をしなくてはなりません。そして「よっしゃ行くぞ！」と気合いを入れてダッシュでトイレまで行き、急いで排せつをして、急いで巣に帰ってきました。排せつ中は大変無防備なので緊張していますし、帰りも敵に襲われないかとドキドキです。そんな本能が今も残っていて、トイレの前後に駆け回るのでしょう。

”トイレハイ“とも呼ばれるこの行動。エネルギーを使うからか、歳とともに落ち着く場合もあります。

猫の格言 勇気ひとつをともにして

Q70 トイレを掃除した途端にオシッコ。せっかく掃除したのに！

猫ゴコロ

すぐに自分の場所にしなきゃね

掃除が終わった瞬間にトイレに入って排せつをする猫。きれいになった途端に汚すなんて！　と思ってしまいますが、これには猫なりの理由があります。

トイレは猫の大切なテリトリー。自分のオシッコやウンチのにおいがするのは落ち着きますが、あまり汚れすぎると使いたくないと思うようです。そこでトイレの前で鳴いて飼い主を呼びつけて、掃除をさいそくしたりすることも。掃除が終わってトイレがきれいになると、猫は満足。「じゃあさっそくぼくのにおいをつけて、もっと落ち着く場所にしようかな」と、いそいそとオシッコするというわけです。

猫の格言　新雪に一歩を記す爽快感

Q71 袋や狭い箱に入りたがるけど苦しくないの？

猫ゴコロ
落ち着くなぁ

猫は袋やダンボール箱、ちょっとだけ空いた戸棚の隙間など、狭い場所に入りたがります。その理由は、野生時代に木の洞や小さな岩穴などを隠れ場所にしていたから。狭くて薄暗い場所には、本能的に入りたくなってしまうのです。

とくに隙間から敵が侵入できない、体がぴったりおさまるサイズを好みます。ときにはあきらかに小さすぎる箱に、ぎゅうぎゅうになって入っていることも……。子猫のころに入れた場所には、いつまでも入れると思いこんでいるのかも。またビニール袋に入りたがるのは、袋のこすれる音が猫の好む周波数だからだといわれています。

猫の格言 かごも土鍋もマイベッド

Q72 家電の上にいつも乗るのはどうして？

猫ゴコロ

あったかくて気持ちいいな

ストーブやパソコン、炊飯器など、家電の上に乗りたがる猫は多いもの。これはやっぱり、家電の上が暖かいから。夏よりも冬に見られる光景です。猫は鼻や肉球で人間にはわからない温度の違いも感じとることができ、夏は涼しく冬は暖かい快適な場所を見つけてそこでくつろぎます。

ただ、意外にヒゲや毛におおわれた皮膚は鈍感。50度以上にならないと熱さを感じないため、ストーブに近づきすぎてヒゲや毛を焦がしてしまう猫もいます。石油ストーブなど近づきすぎるとやけどの危険があるものは、まわりに囲いをつくるなど、猫のための安全対策をしておきましょう。

猫の格言 家電は猫のホッカイロ

Q73 高いところに登りたがるけど、なんでだろう?

猫ゴコロ

気分いい!

あたりを見渡すことができる高い場所は、猫のお気に入り。安全だし、狩りにも有利だからです。だからのら猫の場合、塀の上を歩いている猫が地面を歩いているボス猫に出会ったら、すぐに塀の上を譲ります。高いところにいる猫ほど立場が上というのが、猫社会のルールなのです。力が同じくらいの猫同士だと、「ぼくが上に行くんだ!」と、場所を巡ってけんかになることもあります。

多頭飼いの場合は、キャットタワーの最上段にいつもいるのが、いちばん強い猫。いちばん床に近い位置にいるのが弱い猫ということになります。

猫の格言　高所にいれば気分も高まる

Q74 クッションや座布団に座りたがるのはどうして？

猫ゴコロ

ここ落ち着く～

野生時代、固い土の上よりもふかふかの枯れ葉の上や、ちょっと高い切り株の上にいたほうが落ち着いたことでしょう。そんな理由からか、猫は何かの上に乗るのが大好き。重ねた雑誌の上で寝ていたり、ちょっと床にかばんを置こうものならその上に乗っかっていたりもします。

とくにクッションや座布団が好きな子が多いのは、体重で体が適度に沈みこみ、隙間なく包みこまれる感覚が気持ちいいからかもしれません。服や洗濯物の上がお気に入りの子もいます。やわらかい感触に加えて、飼い主のにおいがついていることで安心するのでしょう。

猫の格言 座布団は猫の指定席

猫の4コマ劇場 暮らし編

by 坂木浩子

お気に入りの味も2週間で飽きる…。

あわれな座椅子です.

隠しきれない

トイレで用を
足したあとは
いろんなものを
運びこむ
雑巾
靴
ギャッ
う。こ
ついちゃうよ～
折りたたみ傘
砂の代わりにして
いるらしい
これで隠すニャ

この前はロングブーツが入っていた
手荒くすると…

自分からすすんで
ビニール袋に入り
遊びを要求
ウニャッ
振り回したりして
ユッサ
ユッサ
手荒なことを
すると喜ぶ
くる
グーグー
くる

こっちの目が回るんですけど…。

COLUMN 4

性格に見る
メスとオスの違い

子猫のときは性別による違いはありませんが、成長すると違いが出てきます。

一般的にメスはオスに比べて繊細で慎重、自立心が強く少しクールなところがあるといわれます。それはメスはおとなになれば母猫となり、子猫を守る立場になるからでしょう。飼い猫で出産経験がなくても、子猫気分を持ち続けながらときには母猫モードになることが多く、飼い主とも適度な距離のあるつきあい方をすることが多いようです。

一方オスは、のら猫の場合は生後半年ほど経つと母猫に攻撃され、強制的に独立。新しい自分の縄張りを探しに、放浪の旅へ出ます。しかし飼い猫の場合、成長しても飼い主に追い出されることはありません。そのためいつまでも子猫気分で、飼い主を母猫と思って甘える子が多く、メスに比べ開けっぴろげで甘えん坊な傾向があります。ただ、性成熟を迎えると、本能から自分の新しい縄張りを探しに出かけたくなることもあるようです。そのため、メスよりも脱走しようとする猫が多いともいわれています。

LESSON 5

行動の意味を探ろう［コミュニケーション編］

Q75 鼻をくっつけあう意味は？

猫ゴコロ
あいさつだよ

猫はずば抜けた嗅覚の持ち主。その感度は人の22万倍以上といわれ、さまざまなものをにおいで識別しています。猫同士が鼻をつきあわせるのも、実はにおいを嗅ぐため。猫は視力が弱く、視覚ではお互いの姿をぼんやりとしか確認できないため、においで相手を認識しようとしているのです。

また、猫の口まわりには臭腺があり、猫によって異なるにおいを発しているといわれます。ですから、まずはお互いの口のまわりをクンクンするのが、猫流の名刺交換のようなもの。においを嗅いでいる猫の耳は、たいていピンと立っています。興味しんしんで相手を調べている証拠です。

猫の格言　においで自己紹介

こんな猫ゴコロも

人間にもごあいさつ

飼い主に対してもにおい交換のあいさつを行ないます。外出から帰ると、しきりににおいを嗅いできませんか。「どこ行ってたの？　何食べた？」とチェックしているのです。また、猫の顔の前に指を差し出したり、顔を近づけたりしても必ずクンクンしてきます。猫の鼻に似た突起物を見ると、においを嗅いでしまう習性なのです。

こんな猫ゴコロも

もっとよく知りたい！

におい交換は、口の周辺だけで終わるときもあれば、そのまま首元、脇腹へと続き、最後にはお尻のにおいを嗅ぐ場合もあります。肛門や生殖器からは性別などのより詳しい情報を得られるため、初対面の猫同士に多い行動です。お互いに相手のお尻のにおいを嗅ごうとグルグル回り、最終的には劣位の猫がしっぽを上げて嗅がせます。

Q76 同じポーズで寝ているのって偶然？

猫ゴコロ
仲よしの証拠だよ

猫の寝姿は気温やリラックス度で変わるので、同じ環境で寝ていれば偶然同じ姿勢になることもあります。でも、シンクロしているのが親子の場合は、子猫が親猫をまねている可能性も。子猫は親猫の行動をまねる習性があるからです。きょうだい猫や飼い主と同じポーズをとるのも、その習性の名残と考えることもできます。

また、「夫婦は似る」といわれるように、人間同士でも好意を持つ相手の表情やしぐさを無意識にとりこむことがあります。これと同じように、猫も親しい相手とは自然と同調しようとしているのかも。どちらにせよ、信頼の表れであることは確かです。

猫の格言 相手のふり見て我がふりそろえる

Q77 お風呂に入れてから急にもう1匹が威嚇するように…

猫ゴコロ

においが違う！ 誰？

仲よしだった猫たちが急に仲たがいをするのは、多頭飼いの猫にはよくあること。その原因は、縄張り意識の芽生え、ストレス、突発的な事故のトラウマなどさまざまですが、入浴後に態度が急変する場合は、においが原因だと考えられます。

猫は仲間をにおいで覚えているため、いつもとは違うにおいがすると〝知らない猫〟と認識してしまうのです。それが同じ縄張りを共有する同居猫なら、なおさら敏感に反応。「変なにおいがする猫が縄張りに来た」と威嚇するのです。多くの場合、シャンプーのにおいが消えるころには元の関係に戻ります。

猫の格言 においが変われば、猫変わる

Q78 肩を抱いて寝そべっているのは恋人気分なの？

猫ゴコロ
大事な存在にゃ

　相手の肩に足を置いているのは、だいたい体の大きい猫や力が強い猫のほう。実はこのポーズ、体を押さえこもうとする無意識の支配欲の表れだといわれています。そもそも、猫たちは優劣がはっきりしていないと仲よく暮らすことはできません。子猫のころは別ですが、きょうだい猫でもおとなになれば縄張り意識が芽生え、上下関係ができるもの。そうでなければけんかが絶えなくなってしまうのです。
　ただ、寄り添って寝そべっているような状況では、支配欲といっても決して高圧的な気分ではありません。「ぼくの大切な子なんだ」という愛情表現でしょう。

猫の格言　親しき仲にも上下関係あり

Q79 のら猫の夜の集会は、何をしているの？

猫ゴコロ
みんな元気かな？

夜の公園や駐車場などに、のら猫たちが集まる「猫の集会」。繁殖期には交尾の場にもなりますが、普段は何をするでもなく、適度な距離をとって座っているだけです。

この集会は、猫たちの顔見せの場だといわれています。とくに都会では、それぞれ自分だけの縄張りを持ちつつも、狩りをする範囲はかぶりがち。縄張りが接する猫同士が顔見知りとなり連携することで、よそ者の侵入を防ぎ、地域の猫社会の安定を保っているのでしょう。昼間はお互いを無視して暮らしている猫たちも、夜の集会ではほかの猫と情報交換しあい、ゆるやかな交流をしていると考えられています。

猫の格言 単独生活でも仲間は必要

Q80 前足でモミモミしてくるのは甘えている？

猫ゴコロ

▼

幸せ〜

子猫はおっぱいを飲むとき、前足で母猫のお乳をモミモミします。これは、お乳をもむことで乳腺を刺激し、母乳の分泌をうながすという本能による行動。飼い主にするモミモミはこの名残で、抱っこされているときやウトウトしているとき、授乳時の満ち足りた気分を思い出し、つい前足が出てしまうのです。

通常、子猫は生後6週くらいで離乳します。しかし飼い猫の多くはその前に母猫と離されるため、いつまでも赤ちゃん気分でモミモミする猫が多いのだとか。母猫に十分育てられ、おっぱいを卒業した猫は、あまりモミモミしない子が多いようです。

猫の格言 モミモミはママの味

COLUMN

ウールサッキングに注意しましょう

人の肌をモミモミチュパチュパしている分にはよいのですが、毛布やセーターなどのウール製品を好んで吸っているうちに、ちぎって食べるようになってしまう猫もいます。「ウールサッキング」と呼ばれる行動で、子猫のころに満たされなかった授乳の衝動が原因のひとつといわれています。また、ウールからは授乳中の母猫と似たにおいが発せられているため、猫が好んで吸ってしまうという説も。繊維が腸につまってしまう危険性があるので、布を吸うクセのある猫の場合は、手の届く範囲に布を置かないなど環境整備をしましょう。

こんな猫ゴコロも

お母さん…

よくモミモミと一緒に見られるのが、チュパチュパと吸うしぐさ。心地いいときや眠いときにすることが多く、飼い主の指や耳たぶなどを吸って、お母さんのおっぱいを飲んでいるつもりになっているのでしょう。ちなみに、思春期の猫も性行動として似たようなしぐさをします。性行動の場合は、吸うのではなく咬んでいるそうです。

Q81

体をスリスリこすりつけてくるのは大好きってこと？

猫ゴコロ

においをつけたいの！

猫が頭や体をスリスリすり寄せてくるのは、基本的にはマーキング行動のひとつです。猫は、顔まわり、しっぽ、爪、肉球、肛門に臭腺があり、そこから分泌されるにおいをこすりつけることで縄張りを主張するのです。

ただ、飼い猫の場合は縄張りの主張というより、安心感を得るためにやっていると考えられます。親しい猫同士がお互いのにおいをつけあうことがありますが、これは違うにおいがすると落ち着かないので同化させようとしての行動。飼い主にスリスリするのも、大好きな人のそばで安心して過ごしたいという気持ちの表れでしょう。

猫の格言 わたしのにおいに染めていたい

こんな猫ゴコロも

わたしのにおいをつけ直さなきゃ

猫のスリスリ行動は、飼い主が外出から帰宅したときによく見られます。これは、飼い主が外出先でつけてきたにおいを敏感に察知し、自分のにおいをつけ直そうとしているのです。同じ理由で、飼い主がお風呂に入ったあとや、洗濯したての服を着たときなども懸命にスリスリ……。においが変わるたび、何度もスリスリしてきます。

こんな猫ゴコロも

かまって〜

飼い主に何か要求があるときや甘えたい気分のときにも、猫は顔や額をスリスリしてきます。頭をぐいぐい押しつけるようなしぐさをする猫も多く、ときには勢いよくドーンと頭突きしてくることも。しっぽを垂直に立て、頭をすり寄せるのは、子猫が母猫に甘えるときのしぐさ。飼い主に対しても子猫モードになって甘えているのです。

Q82 突然手に咬みついてくる！ 叱っても無駄？

猫ゴコロ
▼
遊びたいよ

猫の咬みつき行動には、状況によりさまざまな原因が考えられます。例えば、なでていた手を咬まれた場合は、痛みや危険を感じての攻撃かもしれないし、食べ物をとろうとしたときに咬まれた場合は、支配欲からくる攻撃でしょう。本当に何もしていないのに突然咬みつく場合は、「遊んで」のサインかも。

子猫同士の遊びには、飛びつく、咬むなど狩りに必要な攻撃行動が含まれています。このような行動をしかけ、猫は遊びに誘っているつもりなのです。ここで叱ってもかえって興奮するだけ。オモチャなどを使った遊びで欲求を満たしてあげましょう。

猫の格言　遊ばぬなら挑発するぞ、ホトトギス

COLUMN

狩猟本能を刺激する遊び方

遊びは、猫の社会性や運動能力を高めると同時に、狩猟へのエネルギーを発散させてくれます。飼い猫にとっては、毎日の食事と同じくらい大切な行為です。狩猟本能を刺激するような方法で、遊びに対する欲求を十分に満たしてあげましょう。遊び方のポイントは、じゃらし棒などのオモチャで、猫の獲物となる小鳥やネズミ、虫の動きを再現すること。サササッと動かしたら、しばらく止まる……といった、捕まえられそうで捕まえられない不規則な動きをすると、猫は夢中になります。最後には必ず捕えさせ、獲物をしとめる満足感を与えましょう。

こんな猫ゴコロも

ちょっと味見…

遊びがエスカレートするとつい咬んでしまう猫もいます。猫は獲物を捕るとき首筋に咬みついてとどめをさすため、狩猟本能が刺激されると咬みたくなるのです。飼い主の手を咬んだあとに傷口をなめることがありますが、決して反省しているのではありません。獲物を捕えた気になっている猫は、「どんな味かな?」と味見をしているのです。

Q83 遊んでいたら抱きついてキック！遊び方が気に入らない？

猫ゴコロ
本気モード発動！

遊んでいるとき、突然抱きついてきたかと思えば、後ろ足でキックを連発することがあります。これは、遊び方が気に入らないのではありません。むしろその逆で、大興奮で遊んでいるときに出やすい行動です。

前足で相手を固定して後ろ足でキックをするのは、猫同士のけんかや狩りのときに見せる攻撃のひとつ。相手に体を押さえこまれて絶体絶命！　というときの、逆転必殺技なのです。飼い主にこの技をしかけるとき、猫はおなかを見せているわけですから、気を許している証拠。本気の攻撃ではなく、けんかごっこをしているつもりです。

猫の格言　キックは猫の最終兵器

Q84 歩いていると急に飛びかかってきて危ないのですが…

猫ゴコロ
獲物だ！

猫の目線だと、人の足の動きがとても目につくもの。あちこちに動く足先を見ているうちに狩猟本能が刺激され、「獲物発見！」とばかりについ飛びついてしまうのです。もちろん猫は、自分より大きい人間を本当に獲物と思っているわけではありません。子猫が親猫のしっぽを獲物と見立ててじゃれるように、飼い主の足を獲物に見立てて遊んでいるのです。遊び盛りの若い猫に多い行動です。

また、いつも決まった場所を通ると飛びつかれるという場合は、縄張り意識からくる攻撃の可能性もあります。「ここに入ってこないで！」という気持ちなのかも。

猫の格言 そこに動くものがある限り…

Q85 背中に乗ってくるのは飼い主を下に見ているってこと？

猫ゴコロ
安心できる場所だにゃ

抱っこが好きな猫、ひざの上に座るのが好きな猫がいるように、飼い主の背中や肩に乗るのが好きな猫もいます。なぜ背中を好むのか、理由は猫によってさまざまです。単純に高いところが好きで乗ってくる子もいるでしょうし、読書中など特定の条件下でのみ乗ってくる場合は、その条件の物事のほうが気になっている可能性も。また、抱っこのように体を固定されることがないので、背中や肩にいるほうが安心できるという子もいるかもしれません。

どんな理由にしろ、飼い主に対して愛情があるからこそ、なのは確か。飼い主とくっついていたい甘えん坊に多いようです。

猫の格言　飼い猫は背負われて育つ

Q86 捕まえた虫や鳥を目の前に持ってくるのはほめてほしいの？

猫ゴコロ
さあ、お食べ

死んだ虫やネズミ、ときにはまだ生きている鳥などの〝おみやげ〟を飼い主のところに持ってくるのは、母猫気分の行動です。

子猫が離乳するころになると、母猫はまず獲物を目の前で食べて見せ、次にしとめた獲物を子猫に食べさせることで食べ方と味を教えます。次に生きた獲物を捕ってきて、子猫自身にしとめさせ、殺し方を教えるのです。こうした教育を母猫に受けた猫は、狩りをしているときふと母猫気分になり、「子猫（飼い主）に獲物の食べ方、狩りの仕方を教えてあげよう！」と思い立つようです。獲物はありがたく受けとり、あとでこっそり処分するようにしましょう。

猫の格言 猫のおみやげは母の愛

Q87 突然目の前でゴロンと転がっておなかを見せるのはなぜ？

猫ゴコロ

▼

遊んで〜

　猫が、わざわざ飼い主の目の前にやってきて、ゴロンとおなかを見せることがあります。このとき、前足をチョイチョイと「おいでおいで」をするように動かしたり、さわろうとするとじゃれて軽く咬みついてきたりすることも。実はこれ、子猫がほかの猫を遊びに誘うときと同じ行動。目の前でこのサインをするということは、飼い主さんに「遊んで」と訴えているのです。

　猫同士の場合、どちらかがこのポーズをとったあとは、必ずじゃれあいや追いかけっこが始まります。猫の期待にこたえて、猫が体を十分に動かせる遊びをしてあげましょう。

猫の格言 ゴロンでつながる友情もある

こんな猫ゴコロも

どうしたの？

新聞や雑誌を読んでいると、その上にゴロンと横になる猫。「なんで邪魔するの？」と言いたくなりますが、猫には「邪魔をしてやろう」という意地悪な思考は存在しません。新聞のガサガサという音につられて来たら、飼い主が動かずにじっとしているので、「どうしたの？」と不安になり「わたしはここだよ！」とアピールしているのです。

こんな猫ゴコロも

もうやめてね

なでてもらうのは、母猫のグルーミングと通じるものがあるため、猫は基本的に、なでられるのが好き。でも、頭や背中をなでているとき、猫がゴロンと転がっておなかを見せてきたら、「もうけっこうです」という拒否の合図です。あまりしつこいとスキンシップ嫌いになることも。不機嫌サインを見落とさず、早目に切り上げましょう。

Q88 なでられたあとに毛づくろいするのは嫌だったってこと？

猫ゴコロ

普段通りに整えなきゃ

猫の毛づくろいには、被毛を清潔に保つという目的以外にも、体についた外部のにおいを消したり、暑いときには被毛を湿らせて気化熱で体温を下げたりする役割があります。つまり猫は、毛づくろいをすることで、つねに自分がベストコンディションでいられるように調整しているのです。

なでられたあとに毛づくろいをするのは、乱れた毛並みを整えたり、被毛についた飼い主のにおいに自分のにおいを重ねて、体をいつものリラックスできる状態に戻しているのです。人間がマッサージのあとに身だしなみを整えるようなもの。決してさわられるのが嫌だったわけではありませんよ。

猫の格言　被毛の乱れは心の乱れ

Q89 ブラッシングをしてあげるとなめてくるのは、お返しのつもり？

猫ゴコロ

お礼になめてあげるね

体をなでたあとや、ブラッシングをしたあと、猫が飼い主をなめ返すことがあります。この行動は、猫が飼い主を仲間のように思っている証です。猫たちの間では、親猫が子猫をなめたり、子猫同士がお互いの体をなめあったりと、親しい相手に限り毛づくろいをしあう習性があります。

つまり、毛づくろいは猫の愛情表現。猫はブラッシングをしてくれた飼い主の愛情をしっかり受けとり、飼い主にも返そうとしているのでしょう。ただ、猫が夢うつつの場合、自分で毛づくろいをしている気になり、目の前のものをたまたまなめただけ……という可能性もあるので、あしからず。

猫の格言 グルーミングで恩返し

Q90 叱られたときに目をそらすのは反省していない証拠？

猫ゴコロ

穏便に、穏便に

猫と人では「怒る」に対する認識が異なります。猫がどんなときに怒りを表現しているか考えてみてください。「おれのほうが強いぞ」と優位性を表したり、「あっち行って！」と縄張りを主張するときですよね。つまり猫にとっては「怒る」＝「威嚇」。人が怒っている姿も、猫には威嚇しているように見えるのでしょう。

叱られているときの猫をよく見ると耳を下げていたり、体を小さくして防御の姿勢をとっていませんか。目をそらすのも、優位の猫ににらみつけられたときに劣位の猫がとるしぐさです。「争うつもりはありません」という意思表示をしているのです。

猫の格言 他人のけんかは買いません

こんな猫ゴコロも

ちょっと落ち着こう…

叱られているときに毛づくろいをする猫もいます。これは、気持ちを落ち着かせようとする行動。叱られるのが怖くて、ストレスを感じたのかもしれませんね。毛づくろいには、興奮を抑え、気持ちを安定させる効果があるため、緊迫した場面ではよく見られます。猫同士がけんかの途中で毛づくろいするのも、気持ちをしずめるためです。

聞いてるの？

こんな猫ゴコロも

緊張した～

叱られている最中にペロッと舌を出したり、あくびをすることも。こちらの怒りがまったく伝わっていないようでガッカリしてしまいますが、実はこれも緊張感や不安を緩和するためのしぐさ。こうすることで猫なりに精神のバランスをとろうとしているので、「なんでわからないの?!」とますます怒ったりしないでくださいね。

コラッ!!
ペロッ

Q91 トイレやお風呂についてくるうちの子はストーカー気質？

猫ゴコロ

縄張り確認したいの

猫は飼い主のことを、ときには母親のように思って甘え、ときにはきょうだい猫のように思って一緒に行動したがります。もし、どこへでもついてくるという場合は、後者の気分で、飼い主さんのすることには自分も参加したいという思いからトイレやお風呂にも入ってくるのでしょう。

トイレやお風呂に限って入りたがる場合は、普段は入れない場所を確認したいという縄張り意識が働いている可能性があります。もしくはもっと単純に、ほかの部屋とは異なる石鹸のにおいや、水の音に好奇心をそそられているだけかもしれません。

猫の格言　家の中にも冒険はある！

Q92 落ちこんでいると来てくれる! 悲しい気持ちがわかるの?

猫ゴコロ

いつもと違うな?

猫にとって、自分の縄張りはいつも同じ状態で保たれていることが大事。“普段と違う”状況には敏感に反応します。いつもはテレビを見ている時間なのにふさぎこんで寝ていたり、しゃくりあげながら涙をポロポロ流していたり……。そんな“普段と違う”飼い主のようすに猫は気づき、「なんだなんだ?」と寄ってくるのでしょう。

じっとしているので「生きているか確かめよう」と前足をかけたり、頬を流れる水滴が不思議で「この水なんだろう?」と涙をなめてくる猫もいます。猫のそんな行動に飼い主は慰められ、普段の飼い主に戻ったのを見て猫も満足するというわけです。

猫の格言 終わりよければすべてよし

Q93 甘えていたのに急に逃げていくのはどうして？

猫ゴコロ
▼
気まぐれなんだよ

猫は本来、単独で行動する動物です。だから、相手にあわせたり、気持ちを察したりすることはありません。そういう思考能力は、集団生活をする動物でないと発達しないもの。「やりたいときに、やりたいことをする」のが単独行動する動物の常識です。甘えていた猫が急に去っていくのも、満足したからか、ほかに気になることができたから去ったまでのことでしょう。

ただ、なでているときに逃げ出した場合は、手に力が入りすぎていた可能性があります。猫のあごの下やおなかは急所でもあるため、なで方が乱暴だと身の危険を感じて逃げることもあります。

猫の格言 ツボと急所は紙一重

Q94 出かけるときは必ず玄関までついてくる。寂しいの？

猫ゴコロ

なんかおもしろそう

外出前、人はバタバタと動き回りますよね。猫にはそれが遊んでいるように見えるのかもしれません。「おもしろそう」とついて回っているうちに、玄関まで来てしまうのです。玄関先で飼い主に熱視線を送るのも、縄張りの外が気になっているだけでしょう。

もともと単独生活者である猫は、ひとりでも寂しいとは思いません。飼い主が出かけたとたん、「遊び終了」とばかりに、のんびりとくつろいでいるはずです。ただまれに、飼い主不在の不安に耐えられずパニックを起こす〝分離不安〟になる猫もいます。気になるようなら獣医師に相談を。

猫の格言 孤独より退屈が嫌い

Q95 帰宅すると必ず玄関でお出迎え。どうしてわかるの？

猫ゴコロ
音を聞いているんだ

玄関でのお出迎えは、猫の鋭い聴覚のなせる技。猫の耳は人には聞こえない小さな音や遠くの音でもキャッチできるため、離れた場所や外のようすも探ることができます。さらに、両耳に入ってくる音の時間差や大きさから、音の発信地がどれくらい離れているか、誤差わずか0.5度という精度で特定することができるのです。そのため、「玄関まであとどれくらい……」と飼い主の位置を把握している可能性も高いです。

しかも、飼い主の足音と他人の足音を聞き分けられ、飼い主の足音にだけ反応しているのだとか。猫のお出迎えは飼い主の特権なんですね。

猫の格言　しのび足も猫には見破れる

Q96 一緒に寝てくれないのは嫌われているから？

猫ゴコロ

寝心地あんまりよくないし…

一緒に寝てくれないのは、飼い主の布団の中が猫にとって快適な寝場所ではないからでしょう。寝相が悪いとか、夏なら単純に暑いから、あるいは過去に無理矢理布団に入れられて怖かったからなど。冬の寒い夜、暖房を切って、優しく猫を布団の中に誘ってみましょう。暖かくて快適だとわかれば、一緒に寝るようになりますよ。

ちなみに寝場所が足より顔に近くなればなるほど、猫からの信頼度は高いといえます。同調する気持ちが強い猫は、飼い主と同じポーズで寝ることも。さらに朝一緒に布団から起き出すなら、寝ても覚めても一緒＝シンクロ率100％です！

猫の格言 感情よりも寝心地重視

Q97 猫じゃらしを振ってもなかなか飛びかかってきません

猫ゴコロ

タイミング待ち！

遊んであげようと思ってじゃらし棒を振っても、見ているばかりで飛びかかってこない。かといって振るのをやめたら、なんだか不満げ……。そんなときの猫の気持ちは、「今せっかくタイミングを探ってたのに！」といったところ。動くものと見るや即飛びかかる猫もいれば、じっくり考えてから飛びかかる猫もいるのです。「遊びたくないんだ」と決めつけず、猫の気分が高まるまで気長につきあってあげましょう。

また遊んでいる途中に物陰に隠れてようすをうかがうこともありますが、これは自分の身を守りつつ狩りをする、単独行動の猫だからこその習性です。

猫の格言 会心の一撃は熟考から生まれる

Q98

毎朝同じ時間に起こしにくるけど、なんで時間がわかるの？

猫ゴコロ

▼

音でわかるのさ

毎朝同じ時間に「ごはんちょうだい」と飼い主を起こす猫。時間がわかるのは、動物に本来備わっている体内時計に加え、猫の耳のよさが重要なカギになっているようです。毎日正確に聞こえてくる音……鳥の声、新聞配達の音、出勤する人の足音など、かすかな音を聞き分け、音のパターンの法則を見つけているようなのです。

なかには平日しか起こさない、という子もいます。これは近所で毎日朝早く出勤している人が土日休みで足音が聞こえないから？　飼い主が休みの日は絶対寝坊してごはんをくれないとあきらめている？　など、推測するのも楽しいですよね。

猫の格言 時間厳守だにゃ!

Q99 抱っこは嫌いなのに自分からひざに乗ってくるのは甘え下手な子？

猫ゴコロ

自分からいきたいタイプなの

猫は本来、おとなになれば単独で生活するため、基本的には独立心が強くクールな性格。ですが飼い猫はいつまでも子猫気分を持ち続ける子が多く、飼い主に抱っこされるのを喜ぶことが多いものです。

ひざに乗るのに抱っこは嫌がるという子は、性格的に「自分からさわるのはいいけど、人間のほうからさわられるのは嫌」という、独立心が強めの猫なのかもしれません。また、単に抱っこに慣れていないから苦手という場合や、抱き方が悪くて落とされた経験があり、抱っこに恐怖感があることも。その場合は少しずつ慣らしていけば、抱っこ好きに変わる可能性もあります。

猫の格言 ひざの上でも心の距離は近い

Q100 昨日はわたし、今日は彼。気を遣って甘える相手を変える？

猫ゴコロ
見回りは大事だにゃ

猫の社会ではボス猫はいても犬のように絶対の上下関係はなく、みな基本的に平等な関係で、優位劣位は流動的に変わります。それは1匹飼いの飼い猫でも同じ。ボス猫のように敬意を払う人、母猫のように慕う人、きょうだい猫のように遊ぶ人、といったように役割や気持ちに多少の優劣はつけつつも、気持ちは流動的。たまたまその人に甘えたい気分だったのでしょう。

または、猫集会で地域の猫同士がお互いの情報を交換するのと同じような感じで、「最近どう？」と、縄張りの中のメンバーを見回り、情報収集をしているつもりなのかもしれませんね。

猫の格言　人の気遣い、猫には無用

猫の4コマ劇場 コミュニケーション編

by坂木浩子

朝の起こし方

胸の上を横切る
体重6kg
重
上に座って凝視
ち…近い
それでも起きないと枕元の本棚を荒らす
ガサガサ
ヤメロー
頭を枕の下に入れてグイグイ押す
ガクガクガク
わ…わかった

せめて朝日が昇るまで待って…。

背中に乗る

腰をかがめていると
ピョーイ
背中に乗ってくる
どっかり 6kg
グフォッ
あったかくて気持ちいいのでそのまま部屋中をウロウロ
おー ヨショシ
だけど背中で爪を研ぐのはやめて…
イタイッフーの
バリバリ
バリバリ

薄着の季節は生キズが絶えません。

遊んで！
遊んでほしい時は
猫じゃらしを
くわえてくる
ズルズル
あっ
ポトッ
帰宅すると玄関に
猫じゃらしが5本!!
ここに置けば私が
現れると思っている
のだろうか
かわいい…
遊んでくれー

だからどんなおイタも許せちゃう。

兄妹ゲンカ
寝ているナナに
かぶりつき
ガブッ
ケンカ勃発!!
ウニャア～
巨体同士の戦いは
フギャアァ
5.8kg
6kg
破壊力バツグン
です
ガチャーン
どすこいっ
あぁ…茶わんが…

震度2くらいは揺れます。

チャートでわかる!

もしもあなたが猫だったら?

あなたがもしも猫に生まれていたら……? 毛色によるあなたの性格診断で、あなたのタイプをズバリ判定!

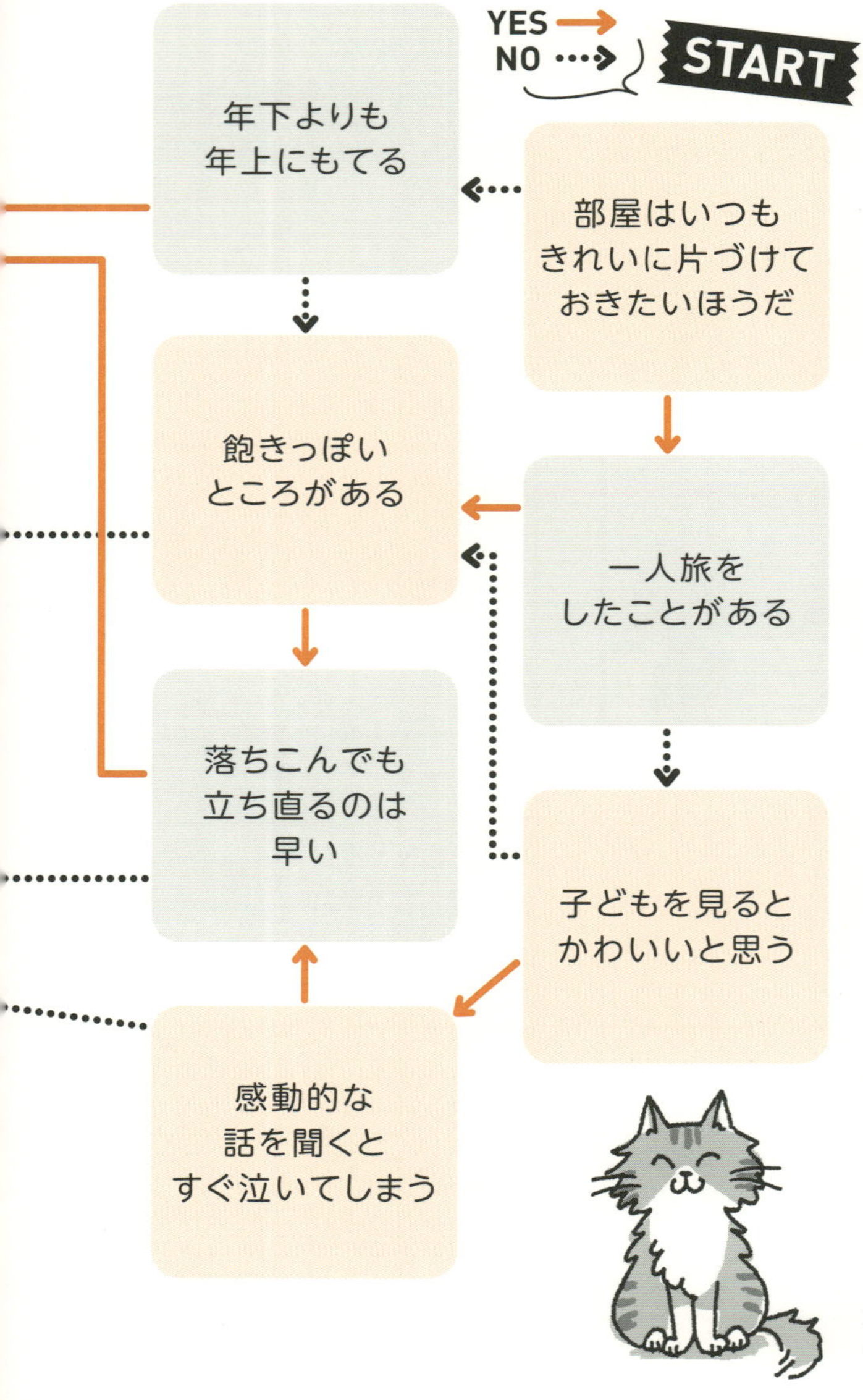

YES
NO
START
部屋はいつもきれいに片づけておきたいほうだ
年下よりも年上にもてる
一人旅をしたことがある
飽きっぽいところがある
子どもを見るとかわいいと思う
落ちこんでも立ち直るのは早い
感動的な話を聞くとすぐ泣いてしまう

友達の数は
多いほうだ

スポーツより
読書が好き

type A

ジェットコースター
が好き

告白されるより
自分からする
ことが多い

type B

type C

人の意見に
左右されやすい

好きな人とは
いつでも一緒に
いたい

type D

どちらかというと
おとなしいほうだ

type E

詳しい結果は次のページ

診断結果をチェック!

もしもあなたが猫だったら?

type A

のんびり穏やか
黒猫タイプ

黒猫タイプってこんな人!

黒猫は体の色が目立たず敵に襲われにくいからか、のんびりした性格といわれています。黒猫タイプの人は、争いを好まない平和主義で、フレンドリー。いつも多くの友達に囲まれています。意外に怖いもの知らずなところもあり、思いつきでまわりがビックリするような行動をとることも。

type B

要領がいい
黒白猫タイプ

黒白猫タイプってこんな人!

黒白猫は生命力が強くタフなうえ、黒猫のような協調性も持ちあわせているため、のら猫でも飼い猫でも、環境に適応するのがうまいとされています。このタイプの人は、快活で何事にも積極的。まわりの空気を読むのがうまく、どんな場所でもうまくやっていける世渡り上手タイプです。

▶毛やしっぽの長さでもわかる猫の性格

長毛の猫は毛が絡まらないようにゆっくりとした動作になることが多く、おっとりした性格が多いといわれています。またしっぽの短い猫は体のバランスがとりにくいため、活発さには少し欠けるようです。

type C

二面性あり?!
サバトラ猫タイプ

サバトラ猫タイプってこんな人!

猫の祖先のリビアヤマネコと同じ縞模様、でも洋猫に多いシルバーの毛色を持つサバトラ猫。このタイプの人は、「活発だけど慎重」など、ちょっとした二面性あり?!　ちなみに同じ縞模様でも茶トラ猫は甘えん坊なアピール上手。もっとも野生に近い柄のキジトラ猫は、本能に忠実です。

type D

ちょっぴり神経質
白猫タイプ

白猫タイプってこんな人!

白猫は毛色が目立つため敵から狙われやすく、そのため神経質で気難しい性格といわれています。白猫タイプの人は、繊細でちょっぴりナーバスになりがちなところも。ただ「絶対優性の白」といわれる強い遺伝子を持つ白猫のように、芯は強く、自分の道を貫くパワーがあります。

type E

気まぐれクールな
三毛猫タイプ

三毛猫タイプってこんな人!

三毛猫はほとんどがメス。そのため母性本能が強く、「女心と秋の空」を体現したかのように気分屋で、気まぐれな性格といわれています。そんな三毛猫タイプの人は、ちょっと頑固で気が強いタイプかも。ちなみにサビ猫もほとんどメスですが、性格は三毛よりもおっとりしています。

な行

は行

ま行

や行

ら行

わ行

INDEX

※鳴き声は太字で示しています

あ行

か行

さ行

た行

監修
今泉忠明(いまいずみ　ただあき)
哺乳動物学者。1944年東京生まれ。「ネコの博物館」館長。日本動物科学研究所所長。ナツメ社『最新ネコの心理』、日本文芸社『世界一かわいいうちのネコ　飼い方としつけ』など、著書・監修書多数。

スタッフ

カバー・本文デザイン	松田直子(Zapp!)
イラスト	イケマツミツコ
マンガ	坂木浩子
執筆協力	高島直子
編集協力	株式会社スリーシーズン (齊藤万里子)

猫語レッスン帖
2017年8月3日　第12刷発行

監修者　今泉忠明
発行者　佐藤龍夫
発行所　株式会社大泉書店
〒162-0805　東京都新宿区矢来町27
電話　03-3260-4001(代表)
FAX　03-3260-4074
振替　00140-7-1742
URL　http://www.oizumishoten.co.jp/
印刷所　ラン印刷社
製本所　明光社

ISBN978-4-278-03957-3　C0076　A22